亲爱的食物

料理带来的 22 种感动

いとしいたべもの

［日］森下典子 著　　潘伊灵 译

图书在版编目（CIP）数据

亲爱的食物 /（日）森下典子著；潘伊灵译. —成都：四川文艺出版社，2016.4
ISBN 978-7-5411-4283-3

Ⅰ.①亲… Ⅱ.①森… ②潘… Ⅲ.①饮食-文化-日本 Ⅳ.①TS971
中国版本图书馆CIP数据核字（2016）第055438号

ITOSHII TABEMONO by MORISHITA Noriko
Copyright © 2006 by MORISHITA Noriko
All rights reserved.
Original Japanese edition published by SEKAI BUNKA PUBLISHING INC., Japan, 2006
Republished as paperback edition by Bungeishunju, 2014
Chinese (in simplified character only) translation rights in PRC reserved by Chongqing Shang Shu Culture Media Co., Ltd., under the license granted by MORISHITA Noriko, Japan arranged with Bungeishunju Ltd., Japan through Bardon-Chinese Media Agency, Taiwan.
著作权合同登记号　图进字：21-2016-139

QIN AI DE SHI WU
亲爱的食物

[日] 森下典子　著　　潘伊灵　译

特约策划	郭文静
责任编辑	奉学勤
封面设计	贾渝倩
内文设计	丁蒙蒙

出版发行	四川文艺出版社（成都市槐树街2号）
网　　址	www.scwys.com
电　　话	028-86259285（发行部）　028-86259303（编辑部）
传　　真	028-86259306
邮购地址	成都市槐树街2号四川文艺出版社邮购部　610031
印　　刷	重庆市白合印刷厂印刷
成品尺寸	140mm×210mm　1/32
印　　张	6.25　　　　　字　数　120千
版　　次	2016年5月第一版　印　次　2016年5月第一次印刷
书　　号	ISBN 978-7-5411-4283-3
定　　价	36.00元

版权所有·侵权必究。如有质量问题，请与出版社联系更换。028-86259301

目录

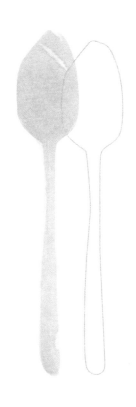

序

蛋包饭一代
－1

咸干鱼和班德拉斯
－8

我人生中的札幌一番味噌拉面
－16

沉溺于长崎蛋糕
－24

我要斗牛犬牌酱汁！
－32

美味咸鲑鱼，角落的恍惚
－40

水羊羹的性感
－48

咖喱进化论
－56

父亲和舟和的芋羊羹
— 63

随着秋天而来的栗麻吕……
— 70

这不是香菇，是松茸
— 78

深夜的钝兵卫
— 89

海苔佃煮的漆黑传统
— 97

蜜瓜包，黄色的初恋
— 104

茄子的微妙之美
— 112

七岁的拿手菜
— 120

鲷鱼烧的焦皮
— 129
咖喱面包的留白
— 137
悲伤的赤豆饭团
— 145
幸福的烧卖便当
— 153
荻饼的回忆
— 160
这世上最好吃的东西
— 166
单行本后记
— 174
跋
— 177

序

当我准备吮吸拉面的时候,不知怎么的在热气中咳嗽起来。那个瞬间,下意识地想起了田岛。

田岛是在我还很小的时候寄宿在二楼三叠[1]大房间里的大学生。他是个北海道出生的白面壮汉,是个规规矩矩的温柔之人。他总是穿着竖条纹的丹前和服[2],颈上挂着手绢。他经常带两三个朋友来房间里留宿,可田岛一个人就能塞满的三叠大的房间里,不知道几个男人是怎么叠在一起睡的。

那时候母亲经常在家里煮拉面。将猪绞肉和着酱油煮,然后加入放置过的汤水,煮熟干面,做成铺有菠菜、咸笋、鸣门裙带菜[3]和葱花的简单的酱油拉面。通透的面汤里渗出猪肉的

---

1. 计数榻榻米的量词,一叠即一张榻榻米的大小(180cm×90cm),约为1.62平方米。在日本,典型房间的面积是用榻榻米的块数来计算的。
2. 和服的一种,宽袖,整个絮有棉花,防寒用。
3. 产于日本德岛县鸣门市的裙带菜,茎短叶少褶,柔软而味美。

甘甜和美味。田岛是最招架不住这拉面的。

"田岛，你要吃拉面吗？"

只要母亲一问，他定会穿着那丹前和服笑眯眯地走下楼来。他有一套吃拉面的方法。用筷子将面条整齐挑起，然后高高低低多次上下挑动，再一口气猛吸入口。而后，像是表示认同似的频频点头。

田岛在我家待了三年，为了继承老家的旅馆又回了北海道。他曾寄来贺年明信片，告诉我们他结了婚、有了孩子，然后便没有了音讯。

在这之后，三叠大房间里也有几个寄宿之人进进出出。过了几年，从田岛的朋友处听到了他在老家破产、离婚的传闻，他们用了"夜逃"这个词。

那是在我高中的时候。某天，玄关处站着个穿西装的壮汉。

"吓了我一跳啊，你都长这么大了……"

是田岛。

说是因为工作来这边，顺路过来看看。那一晚，父亲早早回家劝他喝酒，母亲煮了那时的酱油拉面。

他用筷子频频将面条上下挑动，"滋溜滋溜"地吸面条，然后剧烈地咳嗽。是因为热气而咳嗽的吧？我看着他，有些惊讶。他的脸颊湿润了，也不擦拭肆意流淌的泪水。一个大男人，就这样放开脸面哭了起来。我感觉自己看到了不该看的东西。

父亲和母亲微笑着装作没发现,我也赶紧用筷子夸张地上下挑面条,"嗞溜溜"地吸拉面。

直到如今,当我准备吮吸拉面的时候,下意识地,在热乎的面汤热气里第一次看到成年男人眼泪的那一天的记忆就会苏醒,在拉面里添上些许况味。

食物的味道里,总是带着回忆这一味调料……

1. 蛋包饭一代

对于在昭和三四十年代度过童年时光的人来说，蛋包饭是特别的存在吧。

我也是这个年代中的一员。

"今天的午饭是蛋包饭哦。"

只要母亲这样一说，我就会欢欣雀跃地大喊："太好了！"

蛋包饭是米饭中的王者。牛排或寿喜烧[1]是只能在特殊日子里才吃得到的"不得了的王者"。蛋包饭是"平常的王者"。我最喜欢这"平常的王者"。

食材是洋葱丝和胡萝卜粒，然后加上切得很碎的火腿、

---

1. 一种日式火锅，又名"锄烧"。把鸡、牛等畜类的肉同豆腐、葱、粉条等一起放在锅中，加入酱油、白糖等混合的汤汁煮制，并蘸生鸡蛋食用，是日本人品尝顶级牛肉的代表性料理。

鸡肉，或者是香肠。母亲会将这些食材用平底锅"锵——"地翻炒，再将四四方方的饭块"哐当"一声丢进锅里去。米饭是装在便当盒或是塑料保鲜盒里放进冰箱冷藏的，所以前一晚的和三天前的米饭都能混在一起放进去。

那时候是没有微波炉的……那时候日本全国无论哪个家庭，冷饭都只能用蒸锅重新加热，或者做成炒饭。蛋包饭就是将冷饭再次利用的方法。

母亲用木制饭勺"哐、哐"地将四四方方的冷饭块敲散，这还挺费劲的。饭块一点点散开，饭粒变得松松散散后将它们翻炒，再用盐、胡椒调味，倒入可果美[1]番茄酱。

番茄酱的容器最开始是玻璃瓶，总有番茄酱残留在瓶底，没法完全倒干净。如果将瓶子大力一甩的话，红色的飞沫会在煤气灶的周围溅出"！！！"的形状来。

直到有一天塑料软瓶粉墨登场，番茄酱便可以从软瓶里歪歪扭扭地被挤出来了。

我一看见白白的米饭被浇上鲜红的稠乎乎的液体，总是为那无以名状的情形心中一紧。可是，当液体与一粒粒米饭逐渐交织，浸染成俏丽的酸橙色，辛辣而酸甜的香味漫延四周，我会觉得整个家都变得灿烂起来。

---

1. 日本著名食品商标，产品包括食品、饮料、调味品等。

话说在那个时候，我家的厨房里有铝制的米饭模具。它像熨斗那样有把手，放米饭的部分是像橄榄球一样的形状。有时候吃番茄酱拌饭，母亲会用这米饭模具像商场的餐饮店那样盛饭在盘子里，然后撒上豌豆。

然而比起番茄酱拌饭，我更喜欢蛋包饭。

母亲用饭勺把番茄酱拌饭一粒不剩移到盘子里，将平底锅洗得干干净净。

打两个蛋在碗里，"咔咔咔咔"地用长筷子飞快搅匀，"锵——"地倒进加了黄油的热平底锅里。

她用手腕一边将煎锅"咕噜咕噜"地转动，一边把蛋液摊得薄而圆。

鸡蛋和黄油的味道弥漫开来，鸡蛋的黄色在平底锅的各个角落"噗噗"地膨胀，同时迸出热闹的声响。见到此景的我总会高兴得坐不住。

边缘较薄的地方很快就熟透变白，可中心部分仍是半熟的滑溜液状。母亲会在这时关火。

在圆形蛋皮的正中央，把刚才的番茄酱拌饭堆成饱满的椭圆状，用长筷子夹起蛋皮的两端折起来把米饭包住。

"好了，看好了。"

终于要到最高潮了。

母亲反手握住平底锅的把手，一边将锅倾斜着，让蛋皮包好的米饭滑动到平底锅边缘的弯角处,然后一鼓作气咕噜噜地转半圈,翻一个面装进盘子里。

我看着这神速招法入了迷。

"完成!"

番茄酱拌饭摇身一变成了蛋包饭……

将盘子上多多少少有些凌乱、摆得不太好看的地方整理好,归整成像橄榄球那样两端渐窄的椭圆形。

"做好了哦,把番茄酱挤成你喜欢的样子吧。"

我一直都盼望自己来挤收尾用的番茄酱。我兴冲冲地抱着软瓶,在饱满而明亮的黄色蛋包饭上,歪歪扭扭地挤出番茄酱来。

这种高尚的形状是蛋包饭的制胜法宝。

鲜红的番茄酱高高堆起，缓缓漫开，从蛋包饭这座山丘溢出，沿着崖壁流下，形成黏糊糊的一摊后停止……就算是孩童时代，我挤出的番茄酱的流动走向，总是不可思议地像模像样，仿佛餐厅的食物模型一样漂亮定型。

蛋皮鲜亮的黄色和番茄酱的红色，番茄和香辛料的刺激性香味，还有刚做好的鸡蛋味道，都在催促着我。

在厚实的蛋包饭上一边将番茄酱抹开，一边用勺子挖。

感受到蛋皮"噗"地破掉的同时，当中俏丽的酸橙色番茄酱拌饭也露了出来。

我一言不发，接连不断地运勺入口。蛋皮和番茄酱的味道怎么能如此相配呢！只要有番茄酱、鸡蛋和冷饭，便不再需要其他任何东西了。

直到今天，我都还常常吃蛋包饭。最近放蔬菜肉酱沙司或白奶油沙司之类的店很多，这样的话便不是我的蛋包饭了。

五年前，因为要取材，我去了鸟取县那条面朝日本海的小小温泉街。从一头走到另一头，街道仅仅五百米。在那里有一家食堂，发黑的橱窗里，拉面、意大利面、蛋包饭之类的蜡质模型上蒙着薄薄的灰尘。

店里仅有婆婆一人。

"请给我蛋包饭。"

婆婆消失在里屋。从暖帘¹的里面,"锵——"地传来怀念的声响。而后呈出的蛋包饭是规规整整的橄榄球形状。

婆婆把可果美番茄酱的软瓶一齐递给了我。

她是正统一派。

---

1. 垂挂在店铺屋檐前或出入口、印有商号名的布帘。亦指挂在房间的出入口或隔断处的短布帘。

2. 咸干鱼和班德拉斯

让人意外的是说"我对安东尼奥·班德拉斯[1]不感冒"的女性还不少。

安东尼奥·班德拉斯是肆意享有"全世界最性感的男人"这个称号的明星。

那紧紧镶着黑丝绸一般的睫毛的杏眼诉说着甜蜜和哀愁，瞬间就攫取了女子的心。但是不管怎么说，他的看家本领是拉丁一系所独有的浓郁的霸气眼神。一心复仇的流浪者马拉齐[2]或佐罗[3]是适合他的角色，当他眼中熊熊燃起憎恨

---

1. 西班牙演员及歌手。进军好莱坞之后，班德拉斯成为拉丁情人的代言人。
2. 电影《墨西哥往事》的男主角，是墨西哥传奇式的民间英雄和正义战士。
3. 电影《佐罗的面具》的男主角，此片作为以往众多佐罗故事的电影版本的一个续集。班德拉斯的俊美外形和拉丁情人的狂野气质为佐罗这一家喻户晓的形象注入了新的魅力。

和欲望之火时，银幕前到处都是为他的费洛蒙[1]而失声哭泣的人。

我认识的一位六十多岁的女社长流露出要融化掉一般的表情说：

"真是的，你啊，真是个让人眩晕的性感男人。"

我也是，看安东尼奥·班德拉斯的电影，会败给那浓郁的视线，体温微微上升。

喜欢他的人是招架不住的。

但是并不适合所有人。

因为太过浓厚……

我觉得咸干鱼也是这样。

咸干鱼是将青圆鲹鱼和燕鳐鱼的鱼干在叫作咸干鱼汁的发酵液体中浸泡后晒干的食物，是很久以前就流传于伊豆大岛、八丈岛等伊豆诸岛的传统干货。

对一些人来说，它的味道完全无法抵挡，刺激食欲，令其爱之成疾；而相反情况的话，有人会皱眉，有人会捏着鼻子逃掉，弄得四周一片骚乱。

甚至有人把刚烤好的咸干鱼的香味说成是"像用火烘烤

---

[1] 又称"信息素"，是一种由个体分泌出来且具有挥发性的化学物质，它可使同物种的不同个体通过嗅觉器官察觉，从而产生行为或生理上的变化。

过粪坑一样"。

不仅公交工具,一般公共设施也禁止携带咸干鱼。居酒屋[1]也是,说是"因为会对其他顾客造成困扰",是不会为客人烤的。

我尝到那味道是在小时候。我觉得那独特的气味是好闻的,完全不觉得是臭味。有一天,在我家烤鱼烤得正欢时,家庭教师碰巧造访。他皱眉蹙眼,说了句"什么啊,这味儿",就忍受不了逃了出去。看到这一幕,我第一次因为世人对咸干鱼的态度而吃惊。

"年轻女孩子吃这种臭东西会被人讨厌的哦。"

这样劝告我的人也有。但是,已经喜欢上的对象,就因

1.日本传统小酒馆,起源于江户时期,是日本文化不可缺少的组成部分。

为社会的评价不好，因为在乎世人的看法就去讨厌，这我做不到。岂止如此，就算大家都因为"很臭"而嫌弃它，我也觉得那臭味很好。

和我一起享受这样的咸干鱼的，是母亲和弟弟（父亲会一边嫌臭一边在烟雾中忍耐）。家人以外的话，就数小学时就要好的朋友逸子了。逸子在伊豆有亲戚，说是"喜欢这个的朋友别无他人了"，曾好几次悄悄地把咸干鱼捎给我。为了不让味道泄露出来而用塑料袋包得严严实实，就像在成田机场被抓现行的毒品一样。那是贴着金色标签的极其上乘之品。

日本人是什么时候开始变得对气味这样神经质的呢？连窗帘上所沾的生活气息也要在意并用除臭剂狂喷的世界里，咸干鱼完全就是违禁物品。热爱咸干鱼的人儿比热爱抽烟的人更无脸面。

在我要出发去海外做长时间旅行之前，母亲会给我买咸干鱼。

"这个国外是没有的嘛。一口气吃掉再出发吧，免得你惦记。"

关上窗户，锁也上好之后开始烤鱼。怎么说呢，感觉像是在窝藏通缉犯。但是因为房间里全是烟雾，最后还是会开换气扇。烟雾被吸走，刚刚烤好的最为浓烈的味道飘散出去。

"真是对不起邻居们了。"

母亲一脸抱歉,一边用长筷子"咻"地给臭咸干鱼翻了个面。

"你看你看,烤好了哦。"

从烤鱼架上拿下来的咸干鱼是褐色的,像虾一样卷卷的,纤瘦寒碜如竹荚鱼干。硬邦邦的,筷子都戳不动。

用手抓着剔开鱼身。

"烫、烫、烫……"

因为刚刚烤好,很烫手。撕下鱼头,沿着脊椎骨把鱼身分为左右两半,将鱼肉分成小块。鱼身沿着鱼的肌肉,按斜线散开。散开来的鱼身剖面像云母一样亮晶晶闪着光,手指沾满浓稠的褐色油脂,变得黏黏的。

这就是咸干鱼汁,是几百年来在盐水里浸泡了无数鱼干而反复发酵后的结晶,据说在伊豆大岛、八丈岛这样的产地,会将其放进瓮里作为传家之宝代代流传。用肥皂洗一两回是没法洗掉这黏腻感的。

只是把刚烤好的咸干鱼的鱼身剔下来,房间的空气就闷热起来。是咸咸的、亲切的、庸俗的、高贵的,杂乱交织的味道……

母亲"咻"地夹起一片放入口中。

我停下手中动作,暂时关注起她的表情来。

撕过鱼肉后的手,那味道两三天都散不掉,一定要做好心理准备……

像吃草的牛一般,一言不发地动着下巴的母亲,眉毛突然掉成了一个"八"字。

这之后的一段时间都没有出声。

如何?

我挑起一边眉毛。

别管这么多了,快点尝尝看啦!

母亲不停用手指着剔好的咸干鱼。

我也放了一片在嘴里,像牛一样默默地动着下巴。一次又一次地点头,一边无言地咀嚼着,和咸干鱼硬邦邦的鱼身深入交流。

啊!多么鲜明有致的味道啊。腥咸而粗野。

是痞子男危险的性感魅力……

是探戈舞者造作的热情……

是大众戏剧里旦角的秋波……

潜藏在土腥味儿里浓厚的魅惑味道,从干货一丝丝的纤维缝里慢慢地渗透出来。

洁癖到要把这样直冒气的浓厚之物清除掉的社会,怕是会从性感开始衰退吧……我思量着,默默地嚼着咸干鱼。不停地嚼,嚼到下巴累。嚼累了就"呼——"地喘口气,像是小提琴啜泣出的精妙音色,浓烈的芬芳从我口中"咻——"

地一下蹿上来，我不禁出了神。

"呜嗯……"

不是说话也不是叹息，一股声音从鼻中倾泻，我的眉毛也掉成了"八"字。

真是不行了。用油腻腻的手默默地把剔好的鱼肉塞进嘴里，像被操纵了似的只是动着下巴，一心沉溺于香味之中。

把沾满咸干鱼精华的手指，故意伸到自己鼻尖，使劲嗅着呛人的气味。

"哇！"

味道也好气味也好费洛蒙也好，达到极致的话会搞不清楚到底是喜欢还是厌恶……我在这你争我斗的咸干鱼魔界的极限地带中神游了起来。

3. 我人生中的札幌一番味噌拉面

关于初次吃札幌一番味噌拉面那天的事,是与那时我家发黄的唐纸[1]上的条纹花样和拉面碗边缘朱红色的雷纹[2]一起留存在我回忆中的。

食材是菠菜、胡萝卜和豌豆荚,上面还铺着大葱。

那时,我是小学六年级的学生。父亲还没从公司回家,我与母亲和弟弟一起,三个人一边看着九重佑三子[3]主演的热剧《小彗星》,一边"呼呼"地吹着拉面碗里的热气⋯⋯

那时候方便面的新品种不断登场,电视里大肆播放着广

---

1. 一种由中国传入日本的印有彩色花纹的厚纸。造纸术传入日本后,平安时期日本纸坊成功仿制出中国的唐纸,始称"京唐纸",这种纸主要用于写信和装饰。
2. 连续的四方旋涡花纹图案,是我国古代盛行的青铜器纹饰之一。
3. 日本演员,代表作有《去向何方》(续集)、《姿三四郎》、《小彗星》。

告。满怀期待地尝过之后，发现无论哪一种都是油腻而刺鼻。

有过几次这样的经历后，我幼小的心灵也感觉方便面和拉面店的拉面是不同的。

可是那一天的方便面，好像和至今为止吃过的不一样。

没有刺鼻的味道……

真正的有味噌的香味……

用筷子夹起的面条细细的，恰到好处地卷曲着，而且挂有汤汁。

用白瓷汤匙舀起茶色面汤啜了一口，不禁"啊——"地叫出来。味噌的口感醇厚，汤却很清爽。味道很深邃。面煮熟后关掉火，将干燥的粉状味噌溶进汤里，那粉末中一定藏着秘密吧。收尾时撒下的红色小袋装的七香辣椒调味料也和味噌很搭。

"这个比拉面店的拉面还好吃啊！"

母亲从厨房拿来了撕破的橙色包装袋。

"是札幌一番味噌拉面哦……"

我一面感受着方便面进入了新时代，一面将拉面碗底的面汤一饮而尽，然后擦掉额头的汗。

札幌一番味噌拉面成了我家的家庭拉面。

星期六晚上父亲也在。我们经常一起看大桥巨泉[1]主持的叫"搞笑头脑体操"的节目。这个节目是乐敦制药[2]提供的赞助，所以片头会播放"乐～敦，乐敦，乐～敦，乐敦，乐～敦，乐敦，乐、敦、制、药～"[3]的合唱，和以乐敦制药的建筑为背景，鸽子齐刷刷"啪——"地飞走的影像。我

---

1. 日本全方位艺人的先驱，20世纪60—80年代日本最活跃的电视主持人。
2. 一家日本制药公司，总部位于大阪市生野区巽西，其前身是山田安民于1899年创立的信天堂山田安民药房，现在的主要产品包括眼药水、化妆品和胃肠药。曼秀雷敦是其旗下品牌。
3. 《乐敦制药主题曲》，由津野洋二填词作曲。

们一家人一边看着这影像，一边啜吸着札幌一番味噌拉面。

在常规答题嘉宾里，有落语家[1]月之家圆镜（现在叫橘家圆藏）。"动作快是我的撒手锏，我是月之家圆镜。"这是他的招牌台词。父亲每次在圆镜飞速装傻充愣的时候都会大笑着说：

"圆镜的装傻功夫真是不一般啊——"

"搞笑头脑体操"完了之后，"8点了哟！全体集合"栏目又开始了，我们一家人终于迎来周末夜晚的高潮……

说到父亲，就想起我初中二年级时父亲的客户送给他的很精致的围棋盘。我们家没人玩围棋和象棋，也不知道规则。父亲坐在围棋盘前说：

"我们来玩五子棋吧！"

于是我成了他的下棋对手，连续赢了他好多次。

"好嘞！再来一盘。放马过来！"他认真起来。

"妈妈，下碗味噌拉面嘛！"我朝厨房的母亲喊。

母亲用铁锅将大量的豆芽、韭菜、洋葱等"锵——"地翻炒，盖在札幌一番味噌拉面上。最后满满倒上AOHATA[2]的

---

1. 专门从事落语演出的人。落语是日本大众曲艺之一，类似于中国的相声艺术。
2. 青旗株式会社的商标名。青旗株式会社是日本知名的果酱加工公司，致力于水果罐头、调味品等的生产。

罐装玉米粒。这是我家当时的流行吃法。加上玉米粒之后，味噌拉面立马就像真正的札幌拉面了。

父亲和我一休战就开始"呼——呼——"地啜吸热腾腾的拉面。吃完后，父亲又说：

"好嘞，典子，这次我可不会让着你了哦。轻轻松松打败你！"

"噢！做得到的话就试试看啊。"我们互相挑衅，五子棋大战直到深夜。

高中二、三年级时，我忙于升学备考。母亲会为我煮拉

拉面果然还是和雷纹拉面碗最搭。

面做夜宵。

"因为吃了会精力充沛。"她说着,研碎大蒜成泥状,倒很多在面汤里。大蒜和味噌拉面简直是"宿命之邂逅"。吃过之后已经无法想象没有大蒜的味噌拉面是什么味道,它提升了拉面的味道和香气。

可是,第二天口中余味会很厉害……

"少放些大蒜吧。"

我虽然拜托了母亲,可临近消夜时分,厨房就会传来母亲使劲用擦菜板[1]时发出的"咔咔咔咔"声。结果大蒜的量也没怎么减少。

上大学后第一个春假[2],我第一次失恋了。那天我什么都没吃,一整天在被子里抽抽搭搭地哭。到了半夜,猛地感到强烈的饥饿。"噌"地弹起身,蹑手蹑脚下楼到厨房。因为家里人都睡着了,正好免了被他们看到我肿得像土偶[3]一样的眼睛。

翻了冰箱,把剩菜里发了芽的洋葱和卷心菜作为材料来

---

1. 一种多功能蔬果处理板,可以用类似摩擦的方式将蔬果处理为片、丝、粒、泥等多种形态。
2. 日本大学一年通常有三个假期,即春假、暑假、寒假。也有个别大学还要放秋假。
3. 从日本的绳文时代遗迹中出土的未上釉的烧制陶偶人,形态近似人形,躯体成板状,表情幼稚,眼部很大。

煮拉面，还打了一个生鸡蛋进去。我托着热乎乎的拉面碗，全身心沉浸于味噌的香气中，"呼——呼——"地吹着热气啜吸起来。卷心菜的菜心甘甜，半熟的鸡蛋破了，蛋黄"哗——"地流淌出来，好甜。感觉自己被与往常无异的味噌拉面的温柔所安慰。

大学毕业，我在做了周刊杂志记者的工作后，也会在为了写稿熬夜后的早晨，或者被要求重写而沮丧的夜晚，煮札幌一番味噌拉面来吃。

有大方地加上虾夷盘扇贝[1]或炖肉块的时候，也有什么菜都不加吃素拉面的时候。有时候冰箱里只有一个莴苣，我就把它切成细丝，堆得满满的放进面里。莴苣嚼起来脆脆的，出乎意料的美味。这之后就常常吃加莴苣的味噌拉面了。

满三十二岁后，在我偏迟地离开父母独立生活的那天，我在连窗帘都没有的空荡公寓里做的第一餐就是札幌一番味噌拉面。当我正准备将煮好的拉面倒进碗里时，单把锅的把手"砰"地掉了，锅子整个一下倒扣在木地板上。

"啊——"

---

1. 一种海产两扇贝，又名帆立贝，常栖息在潮下带水深 6～80 米的砂粒质的内湾，主要分布于日本北海道、东北地区及鄂霍次克海沿岸。

自己的声音在纯白的墙壁上震荡，又悄悄归于平静。

是啊。以后都要自己干下去了。独立原来是这么一回事啊……

距离一边看《小彗星》一边吃札幌一番味噌拉面的日子已经四十五年了……现如今的方便面，有走高级路线的，有标榜当地拉面的，有号称名店拉面的，有翻版"鸡汤拉面"之类的，还有非油炸的生面条……虽然变得花样繁多，可对我而言，札幌一番味噌拉面和其他任何拉面都不同。

那个味道已经是我人生中的一部分了。

我是这样觉得的……

有这样想法的并不只我一个人。

札幌一番味噌拉面是日本最畅销的，算是方便面界的基准了。据说算起来相当于日本国民每一个人每年都会吃三包。

大众钟爱的味道里，有那种通过它可以和无数人达成一致、相互共鸣的巨大安心感。

"呼——呼——"地吹着札幌一番味噌拉面的热气时，总觉得一下子感到安心起来，就是这个原因吧。

4. 沉溺于长崎蛋糕

那是在小学一年级的时候，有一天我从学校回到家，发现起居室里母亲和一位我没见过的阿姨喝着茶。

"客人送了高级的长崎蛋糕给我们哦。"

就着我视线的高度，看到厨房的桌上端端正正地摆着百科全书一样厚的桐木盒。我踮起脚把盖子稍微抬了抬，从缝隙里偷偷看了看里面。

全是茶色的！

发现盒子里是一整个大长崎蛋糕时，我兴奋起来。

"我可以吃吗？"

"真是没规没矩的！"

母亲一边不好意思似的给我找台阶下，一边慌里慌张地来到厨房打开桐木盒盖,"哗啦——"一声撕下长崎蛋糕面上的薄纸。就像剥下覆在地面的青苔一样,薄纸背面黏着长崎蛋糕的茶色焦皮。

"给我那个!给我那个!"

我伸出手。总之我就是很喜欢茶色的东西。巧克力、可可、烤熟的肉、米饭的锅巴……我觉得茶色的全部都是好吃的。

但是当我用门牙刮薄纸背面,发现是煳味儿里混着甜味的复杂味道。

"有点苦吧。"

母亲一边笑着说,一边将刀尖深深插进去,频频细碎地切动,在盒子一角切出比烟盒稍大的蛋黄色细长立方体。

"唉——就这么点儿?"

"够了,就吃这么多。"

母亲把蛋糕放在蛋糕盘上递给我。

"大人们有话要说,到二楼去吃。"

"知道啦——"

我竖起耳朵听了一点儿她们的对话就"咚咚咚"地上了二楼,一个人聚精会神地盯着长崎蛋糕看。真是好看啊。全身密布着纹理细腻的小孔,像鲜亮的蛋黄色海绵。还有那从上下两端夹着长崎蛋糕的茶色层。我最喜欢这黄色和茶色的"双色调"了。

用餐叉尖深深地叉下去,长崎蛋糕便像手风琴一样猛地瘪下去,而后又软蓬蓬地恢复原状。切口处的海绵小孔裂开来,截面坑坑洼洼的。这蛋黄色的坑坑洼洼让我欲罢不能。

嘴里塞满蛋糕,带着黏腻水分的香甜和鸡蛋的风味穿过鼻腔,整个人飘飘然了。我闭着嘴嚼啊嚼,然后咽下。脑袋里一下子鲜花绽放。

我拿着空盘子走进厨房,朝着母亲喊:

"妈妈,我能再吃一点儿吗?"

"我们在说话,你自己拿。"

起居室里,母亲微微回了下头,又继续说话。

我把椅子当作踏台,自己揭开了桐木盒盖。盒子里全是长崎蛋糕，洋溢出黏黏腻腻的甜甜香味……我是掉进蜜罐里的蜜蜂。用刀切下比刚刚稍大的一块，蹦蹦跳跳地上了二楼。

第二盘也匆匆消灭掉了。想到截面的坑坑洼洼，我就忍不住还想吃。蹑手蹑脚下楼到厨房，站上椅子踏台。切来切去太麻烦了，我就切了实惠装火柴盒大小的一块。

我探寻着吃法。截面的坑坑洼洼固然好，可为了避免把海绵似的小孔弄坏，就只能不用叉子而直接用手掰了。掰开的口子软蓬蓬的，令人食欲大振。

我又下楼到厨房，这一次切了一块豆腐的大小。每往返厨房和二楼一回，蛋糕尺寸就大上一点儿。

掉进蜜罐里的蜜蜂沉溺在那香甜之中。我以为这迷醉的时光会持续到永远。可是，猛地后背涌起恶寒，冒出不适的汗来。身体发起抖来，牙齿都并不拢了。

想起母亲说的"就吃这么多"才发觉糟了，现在后悔为时已晚。

脑袋像要炸裂一般，脑浆像干果蜜饯一样粗糙。心跳扑通扑通地加速，感觉一会儿是炫目的夜晚一会儿又到了早晨，就像建筑工地里"哐哐"地敲钢筋一样，猛烈的头痛开始了。

母亲傍晚送客后，发现长崎蛋糕的盒盖是错开的。打开盖子，桐木盒里的长崎蛋糕的三分之二都不见了。

这时髦的包装纸里荡漾着南蛮情调。

"典子！典子！"

她慌慌张张上了二楼，发现我从头到脚蒙着被子，脸色铁青地发着抖。我感到剧烈的头痛和恶寒，觉得自己可能会就这样死去。

结果我请了两天假没去学校。被父母一顿臭骂自是不必提的。

这之后我看到长崎蛋糕就会不舒服，甚至听到长崎蛋糕的名字头就痛。贪吃的报应是可怕的，过了十年二十年，只要一想起那黏腻香甜的气味脑袋就一阵阵作痛。

最近，工作上往来的人送了我老字号的长崎蛋糕。

我瞬间愣住了。

"啊，你不喜欢长崎蛋糕吗？"他问我。

"不是的不是的。"我摇头。

以出岛[1]地图设计的包装纸洋溢着南蛮[2]般的时髦气息。

这不是长崎蛋糕，这是南蛮舶来的卡斯提拉[3]。

我在脑袋里对自己说着。久违之后想吃吃看。

---

1. 日本江户时代幕府为收容葡萄牙商人而建的扇形人工岛，位于长崎市。后成为荷兰人居住地，是日本闭关锁国时代唯一的外贸地。
2. 指西欧、西洋，日本近世用以称葡萄牙人和西班牙人。
3. 葡萄牙语"Castella"的音译，就是长崎蛋糕。作者故意区分开来说，是想说服自己尝试去吃长崎蛋糕。

用刀切出烟盒大小,剥下薄纸,将背面黏着的茶色焦皮送到嘴边,像小时候那样用门牙刮,慎重地品味。

……

如味噌那样醇厚,温软而香甜。整齐排列的纹理细腻的海绵小孔,在鸡蛋的蛋黄色里发着光。用餐叉尖深深地叉下去,便像手风琴一样猛地瘪下去,截面就跟那天一样,坑坑洼洼的。

轻轻地放一块入口。蛋黄的风味弄得鼻子痒痒的。味道浓郁却又纯粹而爽口。底部茶色焦皮上残留的粗砂糖在门牙间微微被嚼碎的口感也很棒。

那个瞬间,长崎蛋糕的诅咒破解了。算起来从小学一年级的那天起正好过了四十年。

在那之后我开始经常吃松翁轩[1]的长崎蛋糕了。

有的人看见长崎蛋糕就想喝牛奶,我也是这样。长崎蛋糕截面的黄色坑洼呼唤着牛奶。

牛奶和长崎蛋糕十分搭配。吃长崎蛋糕,喝牛奶……干瘪瘪的海绵里,牛奶深深地浸染开来。牛奶里有自然而清淡的甘甜,乳脂的润滑温柔环抱着长崎蛋糕,尖锐部分得以被

---

1. 有三百多年历史的长崎蛋糕老字号店铺。

抚慰，有种像婴儿般被拥抱的心情。

母乳的味道是怎样的味道呢？

渗满牛奶的长崎蛋糕顺滑地流进肚后，留下冰淇淋似的余味……

还想再吃点儿吗？

算了，就吃这么多吧！

5. 我要斗牛犬牌[1]酱汁!

"啊,酱汁用完了!"

母亲在厨房叫起来。

"哎,快去帮我买回来好吗?"

"嗯,我知道了。"

我趿拉上拖鞋,到附近的超市跑了一趟。

今晚吃炸猪排。还是我最喜欢吃的里脊肉排。没有酱汁是绝对不行的。

斗牛犬牌猪排酱汁。我家的酱汁一直是这款。

"锵——"地传来油炸声和新鲜的油味……炸得焦黄的

---

[1] 日本酱汁品牌。

里脊肉排的面衣脆脆地立起。趁它热气腾腾时放在菜板上，用刀"嚓嚓"地切，再放进堆满卷心菜细丝的盘子里。

然后就轮到酱汁了。旋开斗牛犬牌酱汁的盖子，稠稠地浇在里脊肉排上。黏黏的稠糊像活物一样变粗变细不会中断。它们在里脊肉排上左右扭动蜿蜒，顺势流下移动到盘中的卷心菜山里，交融在卷心菜细丝里。

浓厚而有光泽的茶褐色酱汁，如水杯边缘产生的张力一样，在里脊肉排上微微隆起，然后慢慢渗进黄褐色面衣。这样的画面很是奢华。堆得高高的卷心菜细丝因为酱汁的重量瘫软下来。

堆如山高的卷心菜细丝，越细越好！

我用筷子夹起酱汁浇得适中的一块，浸到酱汁的面衣黏稠湿润，没酱汁的地方就还是脆脆的。入口那一瞬，酱汁的甘甜香味和油炸的香味同时扑来。

咔呲……

"嗯——"

"肯定很好吃吧，今天用的最好的猪肉嘛。"

的确，猪肉和油还有油炸的程度都很不错。

然而无论如何还是酱汁的功劳。只要浇上酱汁，什么都好吃。

酱汁是什么和什么混合而成的，我分辨不出。蔬菜、水果，再就是百里香、肉桂、肉豆蔻、公丁香、辣椒、姜黄等等十几种香料……将它们熬了又熬后渗透出来的刺激、芳香、醇厚的滋味，都调和在了茶褐色的液体里，掺杂着酸、甜、辣，溜滑地闪着光，飘荡着神秘而甜美的气息，令人食指大动。

光是用手指蘸酱汁吃，我就倍感幸福了。茶褐色的稠糊深处，黄金宫殿般的大门敞开，刺激与快感一齐涌来。这就是味觉的酒池肉林吧！舔着手指的我，压抑着忍受那快感。

一旦知晓那味道就无法缺少它，这也是理所当然的。

据说酱汁是欧洲度过了从全世界搜集香料的大航海时代

后，在 19 世纪初某个偶然中诞生的。英国的一位主妇将胡椒和辣椒等调味料撒在厨房中剩余的蔬菜和水果渣上，为防止变质又加上盐和醋，放入罐中贮藏。后来蔬菜和水果就顺利发酵，满溢诱人食欲的芳香。

在那之后两百年，我从里脊肉排到卷心菜细丝都浇上酱汁，穷奢极欲地浇了个够。

汉堡或可乐饼、炸虾、炸牡蛎，我都浇斗牛犬牌酱汁。汉堡中肉的焦味要有酱汁的甘甜香味搭配才算大功告成。将被酱汁浸得湿漉漉的可乐饼做成三明治，面包中透出的酱汁味和可乐饼的土豆味混同的味道，真是棒极了。

然而，我的朋友一脸意外，对我说：

"哎，森下，你在炸牡蛎上浇酱汁吗？我在炸牡蛎上是浇酱油的哦。"

因为长时间交往而气味相投，从对事物的思考方式到对异性的喜好都很了解的朋友，也会在某一天因为浇酱汁还是浇酱油，发现与自身喜好不符而彼此震惊。

她似乎是不用酱汁来压制海鲜的纤细味道，而是浇酱油清淡地吃下肚。原来如此……但是，我却没有在油炸食物的面衣上浇酱油的欲望。总觉得油炸食物还是得浇酱汁才行。

"那么,天妇罗虾和炸虾的话,浇酱汁?还是酱油?"

"这个嘛,天妇罗虾是天妇罗[1],所以用'天妇罗蘸汁',炸虾就用酱汁啊。"

"但是,不管是天妇罗虾还是炸虾,它们都是油炸的呀。"

被她这么一说,好像的确是这么一回事。

这么说起来,想起了我小时候曾为在油炸食物上浇酱油还是浇酱汁而烦恼过。记得那时候我是这样界定区分的,日本料理就浇酱油,西餐就浇酱汁。也就是说,根据是日式还是西式的分类来分别浇。像这样做的人应该不少吧。

可是天妇罗虾也好炸虾也好都是油炸食物。据说天妇罗本来就是外来词,是由葡萄牙语"tempero"一词的发音演变而来的。是日式,还是西式,这个界定自身就很矛盾。

尽管如此,人们还是自行定义着这个是日式、那个是西式,每个家庭中都遵循着这个加酱油、那个加酱汁的规矩区分开来品尝。我想,这就是日本人的有趣之处。

那是在小学几年级的时候吧,在暑假的林间夏令营的早餐里出现了煎荷包蛋。火腿肉上一片煎荷包蛋,也就是所谓

---

1. 在日式菜点中,用面糊裹着做出的油炸食品统称天妇罗,吃天妇罗时有专门的蘸汁,由酱油和萝卜泥调制而成。

据说大正末期时很流行养斗牛犬做宠物，所以就把它作为商标了。

的火腿蛋。我毫不犹豫地浇上了酱汁,结果旁边的同学一脸不可思议的表情。

"喂,在煎蛋上浇酱汁吗?"

看到她往煎蛋上浇酱油,这次换成了我吃惊。

"唉,为什么!"

觉得那样好恶心。

我第一次感受到了文化冲击的滋味。

"我家是在煎蛋上浇酱油哦。"

"在火腿上浇酱油不会觉得奇怪吗?"

"但是,米饭和味噌汤蘸上酱汁不会觉得恶心吗?"

……

这家日式旅馆里的米饭和味噌汤,配的是火腿蛋。这到底是日式还是西式啊?

现在的我,在火腿蛋上会浇酱汁,也会浇酱油。哪一种都好吃。

酱汁的香味和汉堡肉或可乐饼也很搭,同时会令人联想到喜好烧[1]和酱汁炒面的香味。在铁板上烤焦的酱汁味儿尤

---

1. 一种什锦摊饼,把面粉用水调匀,加入虾米、墨鱼、肉、蔬菜等,在热铁板上边烤边吃的食物。

其如此。

在夏季庙会的夜市里我买过喜好烧。已经焦掉的酱汁上又用刷子涂上酱汁，撒着青海苔。粗粗的卷心菜心被卷在里面，甜而多汁，与酱汁的味道无与伦比地相配。

这种酱汁的味道正是诞生于欧洲，随时空流转在日本本土化，是国际化的结晶。

几年前在德国街上的餐厅里点了维也纳小牛排（维也纳风味里脊肉排）。用刀背拍了又拍，变薄变宽的里脊肉排大块到超出盘子大小，且没有蘸酱汁。

"配有柠檬的嘛。把它挤在上面哦。"

店里的胖阿姨用德语说（大概是吧）。吃到三分之一时，我感到胃不舒服，放下了餐叉。

里脊肉排要浇酱汁才好吃。而且酱汁不光好吃，还有抑制胃部灼烧感的生药[1]的药效。我那时想对德国阿姨说：

"喂，我要斗牛犬牌酱汁！"

---

1. 指的是纯天然未经过加工或者简单加工后的植物类、动物类和矿物类中药材。

6. 美味咸鲑鱼，角落的恍惚

　　至今，我都清晰地记得第一次知晓这味道的那天。那时我还念小学二年级，是在暑假时去奶奶家玩发生的事。

　　折叠式的矮脚饭桌上摆着家里人的饭碗、味噌汤的木碗、纳豆的小钵和小酱油瓶。

　　青花盘子里放着咸鲑鱼块，我用筷尾附着小芥子木偶[1]的儿童筷剔着鱼肉忘我大吃，奶奶盯着我的脸说：

　　"你喜欢吃咸鲑鱼吗？"

　　"嗯。"

---

1. 一种圆头圆身的小木偶人，是日本东北地区特有的乡土玩具或其仿制品。省略手脚，只有圆头和圆身两部分，画上眼、鼻，简单勾勒彩色衣服等。

鱼身几乎没有了,盘子里剩着鱼刺和鱼块边缘附着的银色丝带一样的鱼皮。

"小典,鱼皮也吃吃看哦。"

奶奶像是在怂恿我一般,稍稍压低声音说。

"……要我吃这个吗?"

我的目光落在并不觉得是可以下咽的鱼皮上。烤熟的咸鲑鱼皮细而长,鱼鳞微微发亮,处处都因为烤焦而呈黄褐色。用筷子夹起,硬邦邦的就像棍子一样绷着。

在奶奶"吃吧、吃吧"的眼神催促下,我将硬邦邦的鱼

只要有了这个和茶泡饭,你就会……

皮一角放入口中，细细咀嚼。

……仿佛天旋地转！

香香脆脆，油脂中的盐分很入味。

我立刻沉醉在一片鲑鱼皮中。

"你现在吃吃这里。"

奶奶见状，这次将她自己还未动过的咸鲑鱼放到我面前，指着鱼块的尾端。变窄的鱼块一角上附着向内卷着的鱼皮，那里的鱼皮是泛白的。

它叫作"鱼肚"，是鲑鱼脂肪堆积得最多的部分。

我照着奶奶所说，"啪啦"一声撕下鱼皮，将角落那卷起的白色部分放入口中。

……鱼皮里侧附着果冻一样透明的厚厚的脂肪。沉甸甸的脂肪的香甜，瞬间夺去了我的魂儿。美好的滋味在其中积得满满的，我已经什么都看不到了。出神地狂吃着鱼皮的我，一定翻着白眼。

看着我的脸，奶奶说：

"你知道吗，很久以前就有'咸鲑鱼皮三寸厚，甘愿大名[1]首级换'的说法哦。"她偷偷一笑。

---

[1] 指日本历史上的大封建主。日本各个时代中大名的定义都有些不同，不过一样都是统领某一个领地的地主之意。

尽管不懂这句话的意义,但它在我耳中如咒语一样留了下来。

猫也不是天生就知道木天蓼[1]的美味的吧,而是在某个节点有像奶奶这样传授木天蓼味道的老猫存在。

从奶奶身边回到家的我,只要一看见咸鲑鱼就先撕下鱼皮来吃。餐桌上摆着家里四人份的咸鲑鱼时,莫名地会没有鱼皮。

"呀!不准先把皮撕来吃!"

我经常被母亲这样训斥。

我想着如果咸鲑鱼只有鱼皮那该有多好,又想起奶奶的那句"咸鲑鱼皮三寸厚"……

小学的教室墙壁上贴上大大的世界地图是什么时候的事呢?欧亚、北美、南美、非洲、大洋洲[2]这五大洲中,我总是盯着南美大陆看。

上方宽大,随着下移逐渐变窄,末端尖尖的。沿着大陆左侧的海岸线,细长的深茶色的安第斯山脉穿行着。我总是用目光沿着安第斯山脉的海岸线扫描。

---

1. 猕猴桃科蔓性落叶木本植物,茎、叶果均为猫类爱吃的食物,猫吃后呈醉态。
2. 原文如此。

跟咸鲑鱼块一模一样……

相当于鱼皮的部分是叫作智利的国家,最末端的合恩角[1]向内卷着。

这里最最美味啊——

在卷起处内侧的"麦哲伦海峡"里有像果冻一样堆着的脂肪,一烤油脂就吱吱作响。吃一口大脑就会咕噜噜地打转。

我在上课时只看一看南美大陆的形状,就能无穷无尽地想象鲑鱼皮的味道。

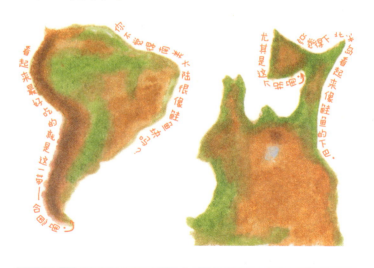

---

1. 南美洲的最南端,智利火地群岛的合恩岛南端的岬角,是世界五大海角之一。

第一次吃鲑鱼颚是初二时的一个星期六中午。上午的课结束后回到家里,香味直飘到玄关。母亲站在小炉子前。

"我回来了——"

我喊着,看见母亲用长筷子翻面的那东西,觉得像裁缝用的刮刀。

"这是什么?"

"咸鲑鱼的颚。"

"颚?"

"就是鱼下巴哦,鱼的这部分是便宜又最好吃的哦。"

说着母亲把烤好的鱼下巴放进盘子里。裁缝刮刀的里面附着少许橙色鱼肉,从远处和近处都响着油脂的吱吱声。

起居室的电视里,NHK[1] 大河剧[2]《天和地》开始重播。那是我黄金周末的序幕。

米饭是冷的。腌菜是腌黄瓜。

母亲将焙煎茶"哗——"地打着圈浇进冷饭里。合着热气,焙煎茶幽静的香气散开来。

---

1. 日本放送协会的简称。
2. 大河剧是 NHK 电视台自 1963 年起每年制作一档的连续剧的系列名称,于每周日晚间 7 点播出 45 分钟,主要是以历史人物或是一个时代为主题,并且有所考证,属于较严谨的戏剧。

"你这样吃吃看。"

母亲反复用筷子头撬出鲑鱼颚里面附着的鱼肉来吃,然后稀里哗啦地把茶泡饭扒入口中,舒展着嘴部肌肉。

"嗯……"

她哼出声来。

我也不服输地挖起鲑鱼颚里面的肉来。我一言不发地啜着紧贴着鱼刺的鱼皮和鱼肉,吃得只剩鱼刺了也"吱吱"地吮吸余味。

原来,鲑鱼的美味是在这种地方隐藏、积攒着的呀……咸鲑鱼下巴的浓厚滋味,被茶泡饭冲洗清淡,这种清淡口感又唤起鱼下巴的味道。

明明是与平常周末无异的下午,却感觉像暑假从此刻开始一样,是个令我有悠闲自在的幸福感的下午。

教室墙壁上还贴着日本地图。青森县北边、津轻海峡那儿突出的下北半岛的形状,看起来就像鲑鱼的下巴。烤熟"下北半岛",剔开贴在它里面的鱼肉,那里脂肪堆积,非常好吃。用牙齿刮下紧贴"陆奥湾沿岸"的焦鱼皮咀嚼,更是无与伦比的美味啊……

鲑鱼的鱼皮和下巴都在角落。

智利是南美大陆的一角。下北半岛也在本州的最北角。总感觉角落很美味的样子。

7. 水羊羹[1]的性感

第一次读《雪国》是初中的时候,然而内容暧昧朦胧,不太明了。

"穿过县界长长的隧道,便是雪国。"

除了开头这一名句和"读过"这一事实之外,我脑海中几乎没有留下什么。我想一定是我那时太年轻了吧,于是过了三十岁之后又读了《雪国》。

那是名为岛村的已婚中年男人在雪国的温泉乡,与叫作驹子的年轻艺伎发生关系的故事。

---

1. 羊羹是日本的传统茶点,一种用红豆与面粉或者葛粉混合后蒸制的果冻状食品。水羊羹是其中一种,是用琼脂将豆沙馅凝固制成的水分较多、柔软的羊羹。

按下这个凸起物让空气流通,
水羊羹就会"哒哒——"地蹦出来。

岛村是前来游玩的男人。驹子一心倾慕于岛村,却又在自己的心意和自尊的夹缝里激烈动摇。

"我不是那样的女人。我要回去,要回去了。"

本以为她要毅然决然地拒绝呢,结果喝醉后陷于烦闷之中,自己主动栽进岛村的怀抱,简直让人难以琢磨。

岛村也对纠缠上身的驹子束手无策,却又无法从那股魅力中逃脱……

磨磨唧唧,模模糊糊,一切都毫不明朗,最后还是和初中时读的情景一样,没有什么改变。自那之后我便没有再读过《雪国》。

三年前的一个夏日,从熟人那儿收到了TANEYA[1]的水羊羹。

我一见水羊羹就神魂颠倒。水羊羹滑溜水润,特别美。用勺子挖的话,边角轮廓分明耸立的样子也很棒。将凉凉的寒天粉[2]似的羊羹放入口中,清甜中混合着赤豆的香味,身体的细胞能感受到清凉的风……

打开收到的盒子,里面摆着二十厘米左右长的塑料方筒。

---

1. 日本品牌甜品店,会根据季节推出时宜的和果子。
2. 即琼脂粉,系选用优质天然石花菜、江蓠菜、紫菜等海藻为原料,采用科学方法精炼提纯的天然高分子多糖物质。

上面写着"本生[1]水羊羹"。说到本生，有本生芥末、本生啤酒之类的，本生水羊羹又和普通的水羊羹有什么不一样呢？我一面这样想着，一面把那些方筒放进冰箱里。

　　"哎，要吃那个水羊羹配茶吗？"

　　那一晚，经母亲一说，我想起了水羊羹。

　　从冰箱里拿出来的本生水羊羹方筒冻得很冰。取下顶部的盖子，里面是用塑料薄膜封好的。"哗"地撕掉封条，瞬间水就滴下来了。

　　但是，即便把筒子斜过来，水羊羹也倒不出来。甩来晃去，水羊羹也一动不动。忽然间，我看到筒底上面有两个塑料的凸起物。用手指把它们一按下去，就开了两个小的透气孔。哦，这是倒出 Pucchin 布丁[2]的秘诀。

　　把方筒倒转，却依旧倒不出来……

　　用小刀的刀尖轻轻划入紧紧贴合的方筒和羊羹的缝隙里，让空气流通。

　　然后，水羊羹就像航船的下水典礼一样静静地动起来。

---

1. "本"为真实地道之意，"生"为生果子（成品时含有大约30%～40%以上水分的果子）之意。此处指此水羊羹是地道的生果子
2. 日本江崎格力高株式会社推出的一款布丁，它的包装特别，按下底部的按钮布丁就会完好无损地倒出来。

它从筒中刚露出头来,就突然"吸溜吸溜——"地滑动着,猛地蹦出来。

"等等,等等!"

我慌慌张张用刀腹按住它,一边往筒内推,一边切下要吃的分量。

水羊羹吸溜一下滑进磨砂玻璃盘子的正中,周围积了一小摊水。

表面水灵润泽地闪着光,棱角紧绷绷地凸起。中心部分是深邃的紫色,接近棱角的地方却似薄雾般通透。

"嗯,不用嚼也可以哦。"

好美，不知道为什么觉得很性感……

"我要吃了。"

用勺子轻轻挖起棱角，吸溜一声送入口中……

清凉之物触碰到舌头的下个瞬间，水羊羹如是说：

"嗯，不用嚼也可以哦。我会自己进去。"

转瞬，以为它会咻地一下融化掉时，舌尖的味蕾里有股清甜滋味一下子冲了进来。

……

不知不觉闭上眼睛。多么雅致而温和的甜味啊。大脑的褶皱里，赤豆的风味一点点浸染开来。

这样的水羊羹，前所未有。

凉凉的表面在口中哗啦啦地散开，我一次又一次地品尝那滋味。

不知为什么，我想起了《雪国》。

是驹子……水灵清凉，紧绷着自己，然而只要盘腿一坐，瞬间娇媚之态就散漫溢出，猛然主动冲过来，让人无所适从。

这究竟是固体还是液体？既不是固体，也不是液体，这种捉摸不透的感觉就是驹子。

不咀嚼，下巴也不动，我只是品味着从彼岸融化而来的水羊羹。

有一天，和女性朋友在商场的地下街漫步时，经过了TANEYA门前。巨大的白木桶里放着碎冰块，冰冻着那些本生水羊羹方筒。

我停下来叫住了她。

"吃过这个水羊羹没？"

"没有。"

"吃一回看看吧。"

我就说了这么多。

"……真的吗？"

朋友看起来并不那么期待地买了一根回家。

那之后的第二天，我接到一通电话。

"喂，那媚气十足的水羊羹是怎么回事？那种快融化掉的感觉！"

是很兴奋的口气。

"我没说错吧？"

"有种迷上了年轻女人的男人的心情。碰到这样的女人，不费吹灰之力男人们就败下阵来了吧。"

不可思议的是，她也说本生水羊羹像女人一样。

"是因为寒天粉的量的关系吗?就像在快要化成水之前以固体姿态定住一样……"

"所以啊,就好像是不停忍啊忍,忍不住了就'哗——'的一下……"

"怎么办,怎么办啊,那甜味儿简直绝了!"

"简直招架不住!"

从那之后,我就开始送这个本生水羊羹给我想要亲近的人。

前些日子,我在某个讲演会上与一位充满理查德·基尔[1]气质、头发花白的大学老师同席。我在给那人送夏季问候信时顺手添了本生水羊羹一起寄给他。

几天后,寄来的明信片上这样写着:

"谢谢您寄来的水羊羹。吃了一口便非常震惊。我对水羊羹改观了。"

嘿嘿嘿,结局圆满……

1.美国电影演员,好莱坞巨星,20世纪80年代最具爆炸力的性感偶像,代表作有《忠犬八公的故事》等。

8. 咖喱进化论

我最近迷上了蔬菜咖喱。

厚实的大锅里热上色拉油和蒜末,先炒出香味。这时放入切成一口大小的猪肉、洋葱、胡萝卜、茄子、青椒、芹菜、南瓜、西兰花(西兰花易碎所以最后放)等,来回翻炒。"哗——"地添水进去,烧开之后仔细地去掉沫子,在菜变柔软之前用中火"咕噜咕噜"地炖煮。关掉火,掰下我家御用的"好侍佛蒙特咖喱"[1]中辣咖喱块,将它煮溶后再用小火炖。

我喜欢把咖喱饭的米饭煮得硬而脆。把脆脆的米饭盛

---

1. 日本盒装咖喱块品牌。

进咖喱盘子里，浇上加有蔬菜的黄澄澄的咖喱。咖喱立刻"嗖——"地沉入米粒之间。这是第一天的咖喱。

我家是一旦做了咖喱，第二天和第三天都吃咖喱。

第二天之后，重新加热的咖喱浇在米饭上会移动缓慢，沉不下去。味道也会变醇熟。只是看咖喱下陷的样子，我就分得出那是第一天的还是第二天以后的咖喱。

好侍佛蒙特咖喱是我小学二年级的时候开始发售的，一来二去已经相伴了我四十年以上。我常在一旁盯着看母亲把巧克力块一样的固体咖喱掰开后"砰砰"地丢进锅里。咖喱块一放进锅，不一会儿锅里就有了黄金颜色的稠糊，咖喱的香味在家中弥漫。

"苹果和蜂蜜，稠稠地溶化了。"

西城秀树[1]这样唱着。但是，苹果和蜂蜜的味道并不能直接尝出来。我也没有看到把它们加进咖喱里的样子。尽管如此，因为宣称有添加所以我就以为里面有，幼小的心灵觉得那是温和而美味的食物。

好侍佛蒙特咖喱似乎是用美国的佛蒙特州来命名的，

---

1. 日本歌手，本名木本龙熊，与同时代的人气偶像歌手乡广美和野口五郎并称日本歌坛"新御三家"。

但佛蒙特州并没有佛蒙特咖喱。倒是有一种使用苹果醋和蜂蜜的"佛蒙特健康疗法",可能这才是佛蒙特咖喱得名的缘由。

某天去朋友家玩,晚饭吃咖喱饭。

"我们家也用佛蒙特咖喱哦。"

朋友说。可我看了盘子之后吓了一跳。蔬菜和我们家完全一样,有胡萝卜、洋葱、土豆,肉却是切得圆滚滚的块状牛肉。用勺子压一压那牛肉,已经炖得可以轻松地把纤维都按散,实在令人感慨。

我家咖喱里面用的是猪肉,一片一片的很薄。回家之后,我马上向母亲汇报了。

"我们也做加那种肉的咖喱嘛!"

我记得我这样缠过母亲。

那还是根据咖喱里的食材反映家庭经济状况的年代。朋友惠子曾笑着说过:

"哎,在我们青森老家,小时候咖喱饭里不是放肉而是放鱿鱼干哦。长大之后第一次吃放肉的咖喱时,我还在想这家的咖喱好奇怪啊,居然没有放鱿鱼干……"

"我家的咖喱都是加鱼糕卷。"也有人这样说。

说这个是咖喱，印度人会信吗？

这是把咖喱当作是关东煮一样的炖菜来做了吧？

我奶奶做的咖喱饭里偶尔会有竹笋和芋头。

我小学时的好朋友真子家里，在猪排咖喱还没有流行的时候就开始在咖喱里放猪排或放煎荷包蛋来吃了。

这么说起来，那时候在车站前的食堂点咖喱饭的话，店员会用餐巾纸将勺尖咕噜噜地卷起来，再将花束一样的勺子和装了水的杯子一起递出来。

我看到过很多回，有的人会解开那餐巾纸，将勺子在水

第二天的咖喱，绝对更加美味。

里稍微蘸一下，把勺尖弄湿了再吃咖喱饭。

不知道为什么要这样，但是吃之前想要把勺尖稍微用水弄湿的心情也不是无法理解，有时还会觉得这会不会是咖喱饭的正确吃法呢？

我看到过这成为一种"规范"的证据。初中毕业旅行去东北地区时，我们乘观光大巴，中途去餐馆吃午饭时，打通的大厅里学生们的一百六十份咖喱饭分成两列相对地摆放着。

"唰——"

咖喱饭整整齐齐地摆着。每盘咖喱旁边，勺子直愣愣立在水杯里。

"唰——"

杯子整整齐齐地立着。真是特别壮观。

如此这般，食材和吃法都完全变为了每个人自己的流派。尽管如此，那时候的日本人仍觉得咖喱是印度料理。

所以，在大阪世博会的印度馆点了咖喱，看着和我们家的佛蒙特咖喱截然不同的咖喱端上来时，我愣住了。

"至今为止，我吃的咖喱到底是哪儿的咖喱啊？"

我变得摸不着头脑。

"日本是欧亚大陆的'柏青哥托盘[1]'。"

有的人这样说。这是高野孟的著作《最新世界地图解读法》(讲谈社现代新书)中的一节。

我们司空见惯的日本地图上,日本列岛的正中间被涂红,在它的西侧延伸着巨大的欧亚大陆。

但是,如果改变视角,把地图咕噜地顺时针转九十度,也就是把西方放到上方看的话,日本列岛就在欧亚大陆这巨大的柏青哥的托盘的位置。从遥远的罗马和波斯、印度和缅甸、中国、俄罗斯、北方圈[2],经过纷繁的路线,各式各样的事物和文化从后方不断涌入。为了不让它们散落进下方的太平洋里,日本广取博收,并将托盘里接收到的一切混杂在一起,创造出像模像样的东西来。这令人惊异的杂居性,以及社会和文化的柔韧度、多样性,即是日本的特征。

起源于印度的咖喱,这颗弹珠球被弹到英国,跨海后变身为咖喱面包和咖喱乌冬,孕育出用水蘸湿勺子后再吃的奇妙规矩。

这是只存在于日本的"进化"。

---

1. 在日本十分流行的弹子赌博机,1930 年始创于日本名古屋。
2. 指北纬四十度附近到北极之间的区域。

9. 父亲和舟和的芋羊羹

在父亲年富力强、事业小有成就的时候，深夜乘出租车"凯旋"时，就会在楼下朝着在二楼睡着觉的我和弟弟大喊：

"喂，你们俩要下来吗？"

"都几点了，别叫了！"

"有什么关系，有伴手礼哦。"

我俩被母亲的劝说声和情绪高涨的父亲的声音吵醒，睡眼惺忪地下楼，伴手礼一般都是银座[1]高级寿司店的盒装便当。

受到同行款待后回家的父亲，会不停地问一边揉着惺忪

---

1. 日本东京中央区的一个主要商业区，以高级购物商店闻名。

的睡眼一边吃着寿司的我和弟弟:

"怎么样,好吃吗?"

偶尔回来得早时,伴手礼就不是寿司。父亲不会马上把它拿出来。莫名地抿着嘴,满脸不爽地慢慢脱掉外套挂在衣架上,总而言之把客厅里的氛围弄得惴惴不安之后,才煞有介事地在矮脚饭桌的正中间摆上蓝色波浪花纹的纸包裹。

"是舟和的芋羊羹哦……"

父亲总是要说出店名"舟和"。

这椰子,一不小心就会吃掉两三块。

父亲最喜欢舟和的芋羊羹了。

可是,家里人的反应总是有违父亲的期待。

"又是舟和的芋羊羹?"

母亲不怎么喜欢芋类食物。我和弟弟也不怎么激动。

与牛奶蛋羹和海绵蛋糕等西洋糕点熠熠生辉的蛋黄色相比,舟和芋羊羹的黄色有些暗沉。过于朴素无华,总觉得看起来很老气。

父亲独自一人兴奋地窜来窜去。换上睡衣后,他就兴冲冲地朝厨房里的母亲喊:

"孩儿妈,给我倒杯浓茶。"

然后不安分地不停搓着手掌。

父亲面前是他爱用的备前烧[1]大汤吞杯[2]。每个人的面前都放了自己的汤吞杯。

舟和的芋羊羹是黏糊糊的,那种口感总令人感受到粉末的存在。那些粉末不断地堆在喉咙附近。

父亲啜了一口浓茶后,把芋羊羹送入口,发出细细品味幸福的声音。

"啊——舟和的芋羊羹真的很好吃啊!"

---

1. 日本冈山县备前地区产的陶器的总称,特点是不挂釉,不绘彩,完全靠火焰和技巧来制作陶瓷,器皿表面富于变化。
2. 日式茶杯。

然后对眼前的我和弟弟说：

"怎么样？你们也喜欢舟和的芋羊羹吗？是吗，好喜欢啊。"

就这样不停地要我们回应。

在我三十三岁的时候，如此这般的父亲离世了。

在那之后很多年的某一天，朋友来我一个人住的公寓里玩。

"喏，伴手礼。"

我一见到递过来的纸袋就条件反射地说出来了：

"啊，舟和的芋羊羹……"

"你知道啊？"

"当然。"

父亲经常买芋羊羹回家已经是三十多年前的事了，包装纸的蓝色波浪花纹也变成了雷门[1]大灯笼的图样。

那晚，我一个人打开了纸盒子。

啊，这颜色！

满满的黄色从盒中跃出，眼中全是红薯的暗黄色……看着这暗沉的黄色，我的脑海里"哗——"地掠过上野、浅草的街景。

---

1. 金龙山浅草寺入口的大门，门前悬挂着一盏巨大的灯笼，高3.3米，重100公斤，上书黑底白边的"雷门"二字赫然醒目。

盒中的芋羊羹被切分成六块。一块块的芋羊羹是梆子一样的柱形，棱角像是被规定好似的挺成直角。

我把那黄色的梆子放进蛸唐草纹[1]的盘子里，倒好茶放到桌子上。

一边看电视，一边用点心牙签斜着切下梆子形的一角，漫不经心地放入口中。突然耳朵下方刺痛起来，不禁用手按住。一瞬，口中的直角散乱崩塌，我在煮红薯的暖烘烘触感和老友一样的柔和香甜中，不知不觉敞开了心扉。

"是红薯啊！"

这是自然，芋羊羹当然是红薯啊。但是，它比红薯更有红薯味儿。

我目不转睛地盯着芋羊羹。挺成直角的棱角周围微微透明。小时候觉得很老气的那种暗黄色，原来是多么富有内涵啊。这黄金色的梆子里凝结着自然而然的坚定。

看了盒子里的小小的说明书，发现这是由人工逐个剥皮后蒸煮的红薯和砂糖制作而成的，难怪到处都混着红黑色的皮。虽然表面滑溜溜的，但红薯的短纤维却像毛毡一样到处

---

1. 唐草纹中的一种，其形象与章鱼的吸盘相似，如旋涡般卷曲的藤蔓外侧附有简化的叶子。唐草纹又称卷草纹，是中国传统图案之一，因盛行于唐代而得名，其特点是以植物的蔓藤作为图案的曲线花纹。

都起毛。

我连续吃了三块。不知是红薯的纤维还是粉末,在喉咙附近干巴巴地堆积聚集。喝一口煎茶,堆积的东西和茶的苦味一起,"咻——"地被冲走。畅通之后,我又接着吃起来。

在那之后,我开始经常买舟和的芋羊羹。一想着饭后还有舟和的芋羊羹等着我,晚饭都会变得夺目起来。把饭桌收拾干净之后,倒上一点偏浓的煎茶,把芋羊羹那梛子似的一整块放进盘子里。仔仔细细地看过那深沉的金黄色之后,切下一角入口,深深地融化在幸福中。

"啊,舟和的芋羊羹,真好吃啊!"

回过神来,发现自己和父亲说了同样的话。

前几天在附近的公园散步时,发现堤岸上鲜红的彼岸花[1]盛开了。

"啊,已经是彼岸时节[2]了啊。"

我们家每到彼岸时节,父亲的佛龛上供的不是荻饼[3],而是舟和的芋羊羹。

---

1. 石蒜的一个变种,梵语名为曼珠沙华,秋季开花。
2. 以春分或秋分为中间日,加上前后各三天,共七天的扫墓日,一年有两次。类似于中国的清明节。
3. 将粳米和糯米混煮,轻捣后揉成团,再敷上一层豆沙或黄豆粉等制成。日本人将其同花联系起来,春分做的叫牡丹饼,秋分做的叫荻饼。

10. 随着秋天而来的栗麻吕[1]……

我曾很焦急……

早在春天就该出版的书稿一拖再拖,都已经八月过半却还没写完。

不停地写啊写也还是看不到终点,迷失了方向,也迷失了自己。

编辑也想着:

"嗯,这样下去的话很难成书呢。"

我曾想我会不会就这样永远在沙漠里彷徨下去无法

---

1. 用栗子做馅的馒头。麻吕是一种日本传统古剧腔,演员一般会将眉毛画成类似于两点的样式,风格独特。之所以将这种馒头称作栗麻吕,是因为它上面烙印出的制作年份与麻吕的两点近似。

逃脱。

创纪录的酷暑更是火上浇油。

每次一踏出家门,热风就会扑上来,就像站在空调外机前一样。反射着白光的柏油路上,空气像杯底的糖浆一样歪歪扭扭。连续好几天,电视里的天气播报员都呼吁着:

"请当心中暑。"

东京都内白天的最高气温,是三十八摄氏度!

最近几年,酷暑已经变得稀松平常,也许地球真的开始崩坏了。我感受到了科幻小说般的恐怖。

蒸桑拿一样的热带夜[1]持续了四十天,浑身是汗的辗转反侧,熬了好几个无法合眼的夜晚。

虽然很清楚这种时候正是需要好好地摄取营养,可米饭也好面包也好,更别说炖菜和烤菜什么的了,只是看到就无力。感觉自己的胃在身体里有气无力地耷拉着。

能下咽的就只有挂面、水羊羹和果冻。

三轮挂面和揖保乃糸挂面[2]那白软滑溜的口感,天天吃

---

1. 日本夏季普遍高温多雨,日本人将最低气温在25℃以上的夜间称作热带夜。
2. 日本奈良县产的三轮挂面、兵库县产的揖保乃糸挂面,同为日本手擀挂面的代表。

也不会厌烦。

把凉凉的果冻放在磨砂玻璃盘子里,用银色勺子挖一口的话会晃起来。果冻像炫丽的宝石一样闪耀着,"咻"地钻入口中。

我连下巴都不动,只靠啜吸而食的东西生存。只有冰凉滑溜之物的口感才能让我转瞬远离酷热,远离让人坐立不安的低谷期的焦躁。

不足何时风的声音变了,秋天……

那是个漫长的夏天……

总有一天这也会成为过去。

我对自己说。每天对着电脑敲着字,却不知道自己是不是在靠近终点。为了不被自转的地球甩飞,我感觉自己像章鱼那样黏得死死的才得以生存。

往年到了九月,夜晚气温都会下降变得舒适,可这次热带夜却没有要结束的迹象。

就像这样一直热下去,秋天不来了怎么办……

我想着。

不久后东海上方形成了台风,两股台风登陆日本后,暴雨如注。

那次台风离开后的星期六,茶道的稽古[1]又开始了。我二十岁时开始去学习,现在已经过了二十九年。每周星期六我都会去稽古,每年的八月初到九月初是暑假。

我一边擦拭滚滚流下的汗水,一边朝老师家走去。阔别一个月的稽古场,让我有种一个月以上没来的感觉。

这里没有空调。但是,透过苇门[2]可以看到对面,感觉

---

1. 指学习或练习茶道、剑道等技艺。
2. 用苇帘蒙成的门,夏天可用其取代拉门、拉窗。

木造的房屋在安静地呼吸。

壁龛上的竹笼花瓶里,插着白色芙蓉花和红色金线草。

"来,请吧。来取果子吧。"

织部烧[1]的果盒摆在面前的榻榻米上。我捧起它来,瓷器的肌理弄得手凉凉的很舒服。我揭开盖子。

呜哇……

又大又白的馒头整齐排列着。

从大小上来看,里面一定塞满了豆馅……

对于这个月只吃滑溜冰凉食物的我来说,豆馅塞得满满的馒头有些太浓重。

感觉胃附近闷闷的,用两支牙签夹起一个放在怀纸[2]上。

太大了啊……

"请用吧。"

"我要吃了。"

没办法,"啊"地咬了一口。那一瞬,我邂逅了让人惊叹的大块食物的口感。

1.日本尾张、美浓地区从安土桃山时代晚期开始烧制的陶瓷。装饰性强,技法、形状和图案均多种多样。起源于精通茶道的古田织部的构思。
2.折叠起来放在和服的怀中随身携带的两折的和纸,在换盘子或喝完茶后可用来擦口印,亦可用来抄写诗歌、包点心等,多采用杉原纸或奉书纸(楮纸的一种),有各种颜色和图案。

……里面有栗子馅。而且是圆滚滚一整个特别大颗的栗子。

像金时[1]甘薯一样松软热乎,连芯都煮得甘甜,似要融化的味道浓浓的很入味。

豆沙馅薄薄一层包在大栗子周围,那甜味真是清雅。

包住这些白馒头食材的是山药丝蒸好后的山药泥,有润润的黏性和弹力,软软糯糯的,与甜煮栗子和豆沙馅的甜味交织在一起。

我久违的嘴里塞满食物,"唔嘛唔嘛"地张嘴大嚼。如果下巴不使劲就嚼不动,这就是秋天的累累硕果带来的喜悦。

热乎乎的栗子的口感,和交织其中的山药泥的软糯感,香甜而黏腻,感觉不知不觉面部都放松了。

"老师,这个好好吃——"

"是鹤屋吉信[2]的栗麻吕哦。"

据说是用的丹波[3]的新栗。白白的馒头上,每一个都印着制作年份的烙印。

---

1. 甘薯的一种,以日本德岛县出产的鸣门金时和石川县出产的五郎岛金时最为出名,筋少,松软如栗子,吃起来甘甜适口。
2. 京都老字号店铺,以在不同的季节推出不同特色的京果子而闻名。
3. 这里指丹波町,是位于京都府中部的一町,隶属于京丹波町,盛产丹波栗、丹波松茸等名产。

一位学生开始点茶。

唰唰唰唰。

我听着茶刷搅动的声音，往壁龛瞧了一眼。

那里挂着一幅挂轴，上面写着"清风万里秋"。

朝苇门的对面看去，澄澈的天空不知何时变得高远。

这时，风穿过庭院的青草，发出"沙沙"的温柔声响。

啊，什么地方有虫鸣……

啊，今年秋天也还是来了……

这样想着，居然热泪盈眶了。

在那之后不久，在酷热和低谷中不断书写的这部书稿也终于开始结果。

"照这个态势继续吧，明年年初就能出版。"

编辑说着微笑起来。

越是酷暑难耐的岁月，第一口吃到栗麻吕的喜悦就越多。嘴里"唔嘛唔嘛"地塞满食物，然后陶醉在栗子豆沙馅和软糯馒头皮的和谐乐章里，总感觉快要哭出来。

11. 这不是香菇，是松茸

  我家是木造的两层小楼房，在昭和四十八年扩建之前，一家老小就在一楼的六叠大房间里饮食起居，有客人的话那儿立马就会变成客厅。

  母亲一遇事便说"因为我们家穷"，我也就秉持着这观念一天天长大。然而，这样的我也会有觉得"我家其实是有钱人家"的季节，那就是从百货商场接连不断地送来东西的中元时节[1]、岁暮时节[2]……

  父亲当时任职于造船公司里订购材料的部门。

---

1. 在日本，中元节（阴历七月十五日）前后有赠送礼物的习俗。
2. 日本人在年末亦有相互送礼的习俗。

印着〇〇钢铁、XX 金属、△△钢管等公司名的可尔必思[1]、国分水果罐头[2]、派力肯香皂[3]、日清色拉油[4]、川宁红茶[5]、三得利威士忌[6]之类的礼品，会一个接一个地送来。

在既是客厅又是饭厅也是卧室的六叠大房间里，用三越[7]或高岛屋[8]的包装纸包裹的盒子堆积如山，窗户都被挡住，装衣服的抽屉都打不开了。母亲一边说着"这是我们家收到的"，一边把它们分赠给邻居们，也送给来家里玩的亲戚。

收到的派力肯香皂多到让人觉得这辈子似乎都可以不用买香皂的程度，在平成十年才终于用完了最后一块。

连肩靠着肩挤在六叠大的一间房里生活的工薪层家庭的孩子，都错以为自己家里很有钱。那时的社会就是如此景气。

"明天会比今天更富足。"

大家对此毫无怀疑，犹如面朝长空起飞的飞机一般，径

---

1. 一种乳酸菌饮料，日本可尔必思株式会社的主要饮料产品。
2. 日本著名水果罐头，国分株式会社出品。
3. 日本著名手工香皂。
4. 日本著名色拉油，日清食品株式会社出品。
5. 世界知名红茶品牌，由英国人托马斯·川宁创立，已有三百多年的历史。
6. 日本著名威士忌，三得利株式会社出品。
7. 日本历史最悠久、最高档的大型百货公司之一，创办于 1673 年，总部设于东京，在世界各地有多家分店。
8. 大型日本百货公司连锁店，1829 年由饭田新七创立于京都，现总店设于大阪。

直向上。那是一个企业气势如虹，工资也好奖金也好都会噌噌地逐年上升的时代。

那时"待客"是很盛行的。父亲会提着银座高级寿司店的盒装便当，坐着出租车把同行的客户带到六叠大房子里来，令母亲措手不及。

全家人也经常一起受邀参加接待。我和弟弟都穿上白裤袜装扮一番，在末广餐厅[1]铺着白色桌布的餐桌上，第一次享用了牛排。也是在那时，我第一次听到五分熟和一分熟之类的生词。还在读幼儿园的弟弟在用餐结束后，收到了长崎铁厂老板买的和他身高差不多长的马口铁新干线玩具，在一家大小排成川字睡的被窝里，弟弟每天都抱着新干线入梦。

那是让人无法忘怀的1964年10月。东京奥运会结束后，那股热情和余韵都尚未冷却的星期天早晨。

"森下！您的东西！"

玄关大门传来敲门声。

"来了——"

母亲和往常一样拿着印章小跑到玄关。刚一打开那个包裹，母亲声色俱变。

---

1. 日本知名餐厅，以牛排等荤菜为主打料理的老字号的高级料理店。

最近さ、あなた宛の昭和四十年代っぽい贈り物が届いた。

"孩儿爸,不好了!"

父亲看了一眼包裹里面,也皱起眉头,面露难色,和母亲对视起来。

"是○○制钢的老板送的。"

"孩儿爸,怎么办呢?"

非同寻常的氛围里,我很紧张。究竟是什么事呢?

母亲像做了什么坏事一样压低声音说:

"是松茸哦……"

"……松茸?"

"嘘——"

母亲把食指放在嘴唇上,示意我别出声。

我瞄了一眼竹篮。

啊,这个不是香菇……

就看了一眼,我便这样觉得。大小、形状、感觉,都完全不同。孩童的幼小心灵也能感受到这是很有品位的一种东西。

七八根像是从近山的树下杂草中刚刚探出头来似的伞盖都还未撑开的矮墩墩的小蘑菇,圆滚滚地睡在铺满桧树叶的摇篮里呼吸着。

"这种是很高级的哦,贵到眼珠子都会吓得飞出来。"

悄声说话的母亲背后,父亲在给谁打着电话。

"哎呀老板，这真是伤脑筋啊———"

他提高嗓门，夸张地哈哈大笑，诚惶诚恐地无数次低下头去。

母亲和我像是被吩咐"等一下"的小狗一样，等着父亲的指示。过了一会儿，放下电话听筒的父亲说：

"喂……"

他朝着母亲使劲努了努嘴。

"那个松茸不要给任何人，这次就我们一家人尽情地吃。"

"可以吗？"

母亲的声音因为激动而颤抖。

那是刚从丹波的深山里采下，装在JAL[1]的飞机上空运而来的，名副其实的国产松茸。

母亲用手指按压着那还附着山里泥土的敦实菌柄。

"快瞧快瞧，这弹性！"

然后"吱——"地竖着掰开。菌柄中间像刚砍开的树的断面一样白，纤维束细细裂开拉出丝来。

母亲用鼻尖凑近裂开的菌柄。

---

1. 日本航空运输株式会社（Japan Air Lines）的略称。

如今，买这样的松茸得花十万日元吧……

"嗯，好棒！"

她像被震慑住了似的两眼发光，兴冲冲地抱着篮子消失在厨房。

松茸有这么好吃吗？

世间有很多让大人们开心的高级食物，比如海胆、鲍鱼、河豚。这些食物的味道对于还是孩子的我来说，实在无法理解它们究竟好吃在哪儿。

那一晚，母亲一边看食谱一边做出来的是锡纸烤松茸。在锡纸上涂上色拉油，铺上薄咸鲑鱼片，然后在上面摆上厚厚一堆用手撕开的松茸。再将插着松树叶的银杏果摆上，用锡纸包住密封起来，放在烤鱼的网架上烤。

"快，开动吧。"

"大口大口地吃吧。"

"我要吃了。"

盘子里装着锡纸包和小小的绿色酸橘。

全家人一起轻轻展开还烫手的锡纸，如同森林里的朝雾一样的白色热气就升腾而上。

就是在那时。

"呜哇——"

缓缓飘升的气味让六叠大房间的空气焕然一新。

不，这已经不是一般的气味了。是空气被调了味。

就像烤虾夷盘扇贝那样会吱吱地起泡，散发出熬煮海水一样的香气，引人食欲大增；那么烤松茸的话，就像熬煮刚砍掉的树木一样，空气里会浸染上森林的精华。

浓厚而洁净。连盐味都具备。已经不需要酱油，什么都不需要，就着空气的味道都能吃下白饭。

烘烤后，松茸柔软而呈茶色，我挤上酸橘汁，用筷子轻轻夹起吃下一整块。

咔嚓咔嚓咔嚓咔嚓咔嚓咔嚓咔嚓——

纤维断开来的令人舒爽的声音，在脑中纵情回响。我一直不停地咀嚼，也还是"咔嚓咔嚓"地响，纤维的深处飘来香味。

银杏也好，咸鲑鱼也好，一切都被熏上松茸的香味。连锡纸底的茶色锅巴我也专心致志地含在嘴里"啾啾——"地吮吸。

"喂，没规没距的。"

"味道都积在这儿了，很好吃嘛。"

和鲍鱼或河豚不同，只有松茸的美味，连我这个小孩子吃一回也就了解了。

丹波产的松茸，我大快朵颐也仅此一回。

即食的松茸汤汁的发售，是紧接在那之后的事。

知晓松茸美味的我探出身去。

"咦，松茸的味道？"

很好奇那个茶色的扁平小袋子是怎么装下那松茸的。

打开小袋子后，里面是干燥的麸[1]、葱、海苔之类的，却没有松茸的身影。即便如此，我仍然怀抱期待朝木碗里倒入热水，然后目不转睛地看。

倒热水进去的话说不定松茸会像变魔术那样出现呢。

麸和麸之间，指头大小的茶色物体飘飘荡荡地浮上来。

"这就是松茸？"

因为很烫，我就"呼呼"地吹。漂荡的松茸就像汽艇那样"嗖——"地划过水面，黏在木碗的另一端。用筷尖夹起嚼了嚼，有香菇的味道。

即使如此，我还是闭上眼睛奋力地嗅着热气。于是，松茸香味的幻影摇摇晃晃地升了上来。

成年之后在商场的精选蔬菜卖场看到装松茸的竹篮，对

---

1. 面筋，含有丰富的蛋白质，易消化。

着标价牌瞪大了眼。那之后有几次，在吃居酒屋的茶盅蒸蛋羹、旅馆的陶壶炖菜之类时吃到过松茸，但应该是韩国产的或是中国产的吧。和1964年10月我的舌头记住的丹波产的那松茸相比，实在是差太远了。

那是时代赐予我们品尝的一生一次的奢侈之物。

12. 深夜的钝兵卫[1]

我在女子大学上学的时候，曾经和其他大学的男同学一起开读书会。表面上是白天读书然后认真地交谈读后感，并没有什么特别的，但晚上就变成了在附近的居酒屋开联谊会。

在白天的读书会上，男同学们超乎常态地剑拔弩张。不管什么书，都能绕着弯编出些理由来讨论，尤其是有胸部丰满的女生参与时，男同学的论战会变得更激烈。

不到一年就演变为谁成了某人的女朋友、谁成了某人的

---

[1] 由日清集团制造、贩卖的和风杯面、和风袋装面、和风冷藏面、和风冷冻面等系列方便面的名称，全名为"日清钝兵卫"。"钝"字源于日语乌冬面(udon)的"冬"字发音和日语关西腔中"迟钝"(donkusai)一词的发音。

男朋友，读书会也就自然而然地消失了……

我喜欢上的男孩子在讨论进行到白热化时，前额的头发会轻飘飘地飘落下来。他并不是帅小伙，但我却望着那飘散的头发出神了。

我们开始变成两个人单独见面，每一周都在同一家咖啡店的同一个位置面对面地坐着。他还是和以前一样聊着后现代主义，聊着"神明已死"之类的事，我就"嗯，嗯"地答应着，假装在听他说话，只盯着他偶尔轻飘飘落下的那缕头发看。

乌冬的方便面问世就是在那一年。

有一天，在平时去的那家咖啡店的平时的那个座位上，我对他说：

"喏，你吃钝兵卫炸豆腐乌冬了吗？"

"……钝兵卫？"

他神情惊讶。

"你不知道吗？新出的方便面啊。不是拉面，是乌冬的方便面。电视上山城新伍[1]和川谷拓三[2]在做宣传的嘛。他

---

1. 日本演员，综艺节目主持人，代表作有《无仁义之战》《不良番长》《古畑任三郎》。
2. 日本演员，出生于中国，代表作有《第三极道》《阳炎》《母亲》。

们会唱'大面碗～炸豆腐浮起来啦～浮起来啦～滑溜溜热腾腾'啊。"

"……"

"我昨天吃了，很好吃哦——乌冬扁扁的但是很有嚼劲，最厉害的是炸豆腐上的汤汁特——别入味，汤汁里的鲣鱼干味道很浓。你吃吃看嘛。"

这卷卷的纸盖是方便面的一道风景。

"……"

他"呼——"地吐出一丝香烟烟雾,然后把烟头在烟灰缸里捻灭,对我说:

"不可能好吃的。"

"为什么?你还没吃吧?"

"不用吃也知道。"

"为什么还没吃就知道啊。别说这些了,去吃一次啦。"

面对来劲的我,他把额前的头发捋上去。

"说到底不过是山寨货。"

他冷冷说道。

我的心里涌上来阿寅[1]的台词。

混蛋,说到底不就因为你是知识分子对吗?!

那是我第一次生他的气。

半年后的一个天气不错的星期天,我们俩优哉游哉地漫步在表参道的步行街时,他突然想起什么似的对我说:

"话说之前我吃了钝兵卫这个牌子的炸豆腐乌冬,很好吃哦!你也去吃一次试试。"

我无言以对。

---

[1] 日本系列电影《寅次郎的故事》的主人公。

"我之前说过啊。然后你还说'说到底不过是山寨货',还很鄙视我呢。"

"……我说过这样的话吗?"

"说过。"

他毫不在意。

"哎呀,无所谓啊。总之你应该去吃吃看。那个可比三流的乌冬面店的乌冬好吃。"

这家伙怎么这样啊,我心想。

虽然钝兵卫并不是导火索,但从那段时间开始我们俩就时不时地发生摩擦,最后我和他分手了。他现在在哪里过着怎样的人生,我并不清楚。

自那之后三十年……

现如今,我独自一人在深夜里写着这部书稿。

学生时代,考试前我总是抱一晚佛脚死记硬背地学习,这个习惯到现在都改不掉,只有当世人都熟睡后才会进入写作的佳境。于是,过了半夜,总会猛地感觉饥饿。

不明缘由地想吃方便面……钝兵卫炸豆腐乌冬。必须得吃钝兵卫炸豆腐乌冬。

不知道为什么,这种情况基本都发生在凌晨一点之后。虽然很明白这个时间点吃东西下肚对身体不好,却又偏偏想吃方便面。浸了汤水的炸豆腐和白白扁扁的乌冬面的幻影晃到眼前，引诱着我。

"啊——我受不了了！"

有时候实在无法忍受了，会在凌晨两点左右披上外套到附近的便利店去买。

把水烧沸，"哗啦啦"地撕开密封钝兵卫面盒的塑料膜。塑料泡沫材质的面盒真的很轻，摇一摇，会像玩具盒子一样沙沙地响。它的重量确实很有山寨气息。

将面盒的纸盖"啪啦啦"地撕开一半。首先映入眼帘的是烤红薯一样颜色的四方形炸豆腐。拿起这块炸豆腐，下面是面饼。烫得特别卷的白色面条被加工成圆形，正好照着面盒的形状嵌在里面。看见这情景，不知道为什么总会令人想起小沙丁鱼干片。

剪开粉状汤包的袋子，"哗哗哗"均匀地撒进去，加滚水到面盒边缘规定的热水线为止。纸盖一碰到热气，就像鱿鱼干被烤了一样朝上卷。用东西压住盖子泡好，等待五分钟。

这五分钟比想象的要漫长。我总是坐不住，一不注意就在三分半钟或四分钟的时候"哗啦哗啦——"地把纸盖全部都撕下来，用筷子戳两三回发胀的炸豆腐。炸豆腐吸饱了汤汁，变得像湿被子一样重，却很神奇地怎么戳都不会沉下去，像救生衣那样浮着。

　　这个炸豆腐,我决定放在后面慢慢地品味。我掀起炸豆腐的一角,从下面夹出面条,"吱吱"地啜吸起来。

　　卷过之后的面条更容易用筷子夹起来。在卷曲的波浪里,鲣鱼高汤的汤汁充分交融。面条滑溜溜的,发胀得些许通透,软软糯糯的。

　　啜一小口汤汁,"啊——!"

　　这就是幸福。深夜在办公桌上啜食的钝兵卫,真是太好

深夜里的诱蛾灯……

吃了!

　　我并不把钝兵卫炸豆腐乌冬当作真正的炸豆腐乌冬的代替品。我喜欢的是钝兵卫炸豆腐乌冬自身的味道。

　　炸豆腐、面条和汤汁，都做得和真正的乌冬很像。然而，在某些地方还是有方便食品的口感。就像他说的那样"说到底不过是山寨货"。但是这种仿造品特有的味道，在深夜时分却让人无法自拔，无比眷恋。

　　"呼——"

　　调整呼吸，终于要吃炸豆腐了。钝兵卫的炸豆腐是一大名作。从边角咬一大口，把它咬开。不吞下去，而是咬开。

　　湿被子一样的炸豆腐，每一处都"哗——"地迸出甜甜的汤汁，"刺啦刺啦"地裂开……这样的口感让人欲罢不能。

　　如果一开始就吃掉炸豆腐的话，炸豆腐乌冬就成了普通的素乌冬，所以我都是在啜吸面条的空档一点一点地吃它，最后留上一口。把精心珍藏的炸豆腐再一次往面汤里按。炸豆腐不会轻易沉下去，我就用筷子强行把它戳着按下去，让它吸饱汤汁后，恋恋不舍地品尝。

　　喝干剩下的汤汁，只剩下面盒和一次性筷子。准备去丢的时候，手里拿着的钝兵卫面盒显得更轻了……

13. 海苔佃煮[1]的漆黑传统

我们家今天早上也吃米饭。

打开电饭煲的盖子,热气"哗——"地冒上来,有刚出锅的米饭味道。米饭上雀跃地冒着气泡,发出"沙沙沙沙"的声响,然后齐齐地退下去。一粒粒松软饱满的米饭润泽地闪着光挺立着。就像春天田地里的泥土一样,电饭锅里面暖烘烘的。

"哇——好好吃的样子!"

用饭勺搅一搅,让空气进到米饭里,然后盛高高的一碗到我爱用的条纹碗里。米粒闪闪发光,两股热气轻飘飘地晃

---

[1] 以盐、糖、酱油等烹煮鱼、贝、肉、蔬菜和海藻而成的日本食品,味道浓重,存放期较长。

荡着。再舀一勺"江户紫 开饭咯!"[1]海苔佃煮,放在米饭上。

　　海苔佃煮的颜色特别黑。却不单单是黑色,是像煤焦油那样油亮亮地发光,黏糊糊的。

　　把这种让人瘆得慌的黑色稠糊"啪嗒"地搭在白色米饭上,感觉会让人心里发毛,但不知为什么这个却非常美丽。

这不就是"the·日本的早饭"吗?

---

1. 日式海苔酱品牌。

仔细一想,从远古以来,"黑"在日本就是优雅而成熟的颜色。用山茶油捋顺的亮丽有光泽的黑发是成为美人的条件,黑纹付[1]、黑留袖[2]至今都是首选礼服。江户时代成年女性挂在领口的黑缎子,黑涂层的漆器,"脱俗的黑围墙,隔墙可见的松树"[3]……

我觉得海苔佃煮的光亮和润泽与"黑"的传统紧密相连。

用筷子戳开海苔佃煮,它会黏黏糊糊地延展开来。黏糊糊地延展到最大限度,它会变成茶色。再继续的话,就是美美的绿色……

明明看起来那样黑乎乎的,但海苔佃煮一点儿都不黑。"黑"的本质,其实是青海苔的绿色。

这番绿色触到米饭热气的瞬间,海滨的香气就苏醒过来。若米饭是刚出锅的,越热乎香味就越明显。

一边"哈——哈——"地呼着气,一边将米饭塞满嘴。味觉融化在黏糊而有光泽的米酒的甜味里,不断咀嚼,口中全是海滨的味道。

有小时候含在嘴里吹得"噗噗"响的海螺的味道。是在

---

1. 黑底上将家徽处染成白色的和服或羽织,用作礼装。
2. 已婚女性用于礼装的,印有五处家徽、底衿带花的和服。
3. 歌词,出自歌舞伎名作《与话情浮名横栉》中第四幕《源氏店》。

午后的海岸，用嘴去舔在海风中发黏的皮肤的味道。

每当就着刚出锅的米饭吃海苔佃煮的时候，我总是听到自己的身体在说：

这里，就是这里……

虽然不知道"这里"是哪里，反正就是"这里"。

人们常把关于味道的记忆称为家的味道、母亲的味道，而属于海苔佃煮味道的记忆是从更遥远的地方到来的。感觉身体深处的血液回想起了大海……

这明明是比较老成的味道，但从年幼时起孩子们也深谙米饭上海苔佃煮的别致风味。

是苔平……

在桃屋[1]的广告动画片里登场的戴夹鼻眼镜的角色苔平，是以昭和的名喜剧演员三木苔平[2]为原型，作者也是他本人，声音也是自己配的音。苔平从昭和三十年代开始就可与海螺小姐[3]相提并论，是家喻户晓的国民卡通形象。

当时，每家每户的冰箱侧门的搁架上都会摆放一瓶特级

---

1. 公司名，主要生产贩卖调料、佐餐食品罐头。
2. 原名田沼则子，艺名三木则子，日本昭和时代的演员、制作人、喜剧演员。
3. 动画片《海螺小姐》的主人公。

江户紫海苔酱。算盘珠子形状的瓶上，贴着深紫色的标签。只是看着"江户紫"这几个似要流动的字体，我耳朵里就会传来三木苔平先生的声音：

"少了其他任何东西都不能没了江户紫。"

当时的孩子们因为苔平而熟知海苔佃煮这种传统食物，用舌尖去记忆与身体的诉求相连的海滨的风味。我觉得那是一种传统教育。

三十年前，那司空见惯的江户紫的瓶子和紫色标签上突如其来地出现了"江户紫　开饭咯！"。最开始我对那五颜六色的标签感到不适应，但是因为说着"爸爸，开饭咯——"的新广告里戴夹鼻眼镜的苔平的出场，传统得以传承。尝了"江户紫　开饭咯！"，味道果然还是苔平时的味道。

因为苔平和桃屋关系这般紧密，所以在平成十一年三木苔平先生离世时，多数人思考的问题是：桃屋的广告会变成什么样子呢？

不可思议的是，桃屋的广告并没有变。就好像苔平先生仍然在世一样，新的广告接二连三地推出，以同一个角色、同一样声音的形式一直播放。

原来是苔平先生的儿子，声音和苔平先生一模一样的苔一[1]先生继承了他的事业,我是过了好多年才得知,深感震惊。

虽说是父子,可声音像到这般程度未免也太……

苔平的传统托DNA而绵延。

不知道如今的小孩是否知晓米饭上海苔佃煮的别致风味。能清楚地听到吗?为在口中漫延的海滨香味而欢欣雀跃的身体的呼喊。

---

1. 原名田沼则一。

14. 蜜瓜包，黄色的初恋

小学二年级的时候，经常被母亲带着到附近商业街的面包店去。那儿从烤箱里拿出来的一斤重的白面包会整条售卖，并且会当着客人的面，切成做吐司或三明治用的客人要求的厚度。

闪着银色光芒的切片机给母亲点的面包切片的时候，我在不远处目不转睛地向上看着从上往下数的第二排的架子。

可乐饼面包、炒面面包、夹馅面包、奶油面包，一系列的偏茶色面包整整齐齐排列着。其中，只有一种面包颜色不同，只有那一处"哗——"地释放着明快的气息。

是带着微微的绿色的清爽的柠檬色……形状是半球形，像倒扣着的碗一样，上面压出金属丝网一样的网眼花纹。表面毫无光泽,像花椰菜一样胀鼓鼓的凸起。

那是我第一次看到蜜瓜包。

我一见到那颜色,就感受到像阳光照射进胸口一样的幸福。

想咬一口,就想咬上一口,想得不得了。

是什么味道呢?一定是甜甜的很好闻的味道吧……

"走了哦。"

被母亲的声音吓一跳,我回过神来。

"我想吃这个。"

之前曾经缠过母亲。

"不可以。"

平时没有缠过大人的我,只在这时候拼命地央求母亲。

"求你了!给我买嘛!"

母亲应该是觉得不让孩子尝到夹心面包的味道比较好吧。

"夹心面包什么的,不可以吃。"

她完全不搭理我。

父母的威权是硬性的存在,对于小孩子的我而言,还没有随心所欲地买自己想要的东西来吃的自由。

因为被一句话驳回的不甘心和在店里被训斥的羞耻感,我再也没有向母亲央求过要蜜瓜包。但是,每当母亲在那家

一见钟情。

然而,里面的味道……

面包店让店员切面包片时,我都会拨开买东西的大人们跑去夹心面包的架子前。正因为不能说出想要,所以全身心都在想着蜜瓜包。

  偏绿的清爽柠檬色……

  胀鼓鼓的质感……

  蜜瓜包的一切将我俘虏。

  一想到明明就在眼前却吃不到,就感觉它的美味好似更加诱人。我在幻想的味道里苦苦挣扎。

  一定是这样的味道……是这样的口感……是这样的香味……

  明明还没吃过,可我对蜜瓜包的美味确信无比。

  就像在街上看到美丽女孩而爱慕不已的少年,明明还未说过一句话就无比确信:

  "我了解她。她是温柔又纯真的。"

  我对蜜瓜包的向往,和这种深信不疑的心情很相似。

  我倾注了全部的想象力去描绘蜜瓜包的味道。我一动不动地盯着看,就像用眼睛也能吃一样。本来并没有吃,但是口中真的感觉到了甜。与此同时,香料的香甜气味仿佛"哗——"地掠过鼻尖,鼻翼不禁颤了颤。这是幻觉。咕嘟一声,口水涌了上来。

被母亲牵着离开了面包店,过了马路我还是依依不舍地回头看。橱窗上,"面包房"这几个烫金字对面,那柠檬色看起来像是在微笑。

人们会疯狂地想吃这个想吃那个,是因为记得之前吃过的味道,而像我这样没有记忆也能如此疯狂编织妄想的食物,无论在此之后或之前的时光里,就只有蜜瓜包。

大约一年之后吧,我开始有零花钱了,应该是一个月一百日元。

在饰有花朵图案的蛙嘴零钱包里,我放进了人生第一笔可以随便花的钱,然后紧紧握着它,自己一个人跑去买了蜜瓜包。从斜坡往下冲向商业街时,感觉自己的脚离地五厘米左右漂浮着。

很奇怪的是,那天买的蜜瓜包是在哪儿和谁一起吃的,我并不记得了……

我记得的是从白色纸袋里掏出蜜瓜包时手在发抖,一口咬下去的瞬间,"哗——"地飘荡而出的香料味令人眩晕。

还有就是那花椰菜状的凸起,它像墙壁灰一样"啪啦啪啦"地剥落,紧接着"咔嚓"一声,假发似的突然掉下来。我"啊"地叫了一声,很是受冲击。

柠檬色的凸起剥落后,下面显现出的是白面包。淡然无味，就只是面包而已……

曾经那样地让我为之着迷、为之疯狂的有着美丽颜色的凸起，结果只是覆盖在面包表面厚度仅有一二厘米的疮疤一样的东西。我多么希望它的里面和外皮是相同的啊！

原来是这样啊。

我尝到了幻灭的滋味。

那么，就此一回之后，我对蜜瓜包的憧憬是不是就结束了？

……没有。

即使那样，我也没法不继续买蜜瓜包。

虽然我知道那只是在面包的表面涂上做饼干的面糊后烤制出来的，咬一口的话表皮就像疮疤一样剥落，也并不是如梦一般的好吃，但是不知道为什么我就是想要蜜瓜包。

至今我看到那胀鼓鼓凸起的柠檬色，也还是会感受到像阳光照射进胸口一样的幸福。能够回想起孩童时代那种明明没有吃过，凭借浑身的想象力邂逅味之幻觉的憧憬……

吃蜜瓜包的时候我肯定不是在品尝实际用舌尖感受到的味道，而是将孩童时候心里描绘的味道从记忆里抽取出来然后品尝的。

长大成人之后，我可以随心所欲地吃任何想吃的食物。然而回过神来，像那时候一样想吃到倾注全部想象力的食物，已经没有了。

15. 茄子的微妙之美

十几岁的时候我不喜欢茄子。

七月到九月,正是露天种植的茄子上市的旺季,所以价格很便宜吧。每天饭桌上都有茄子登场。

在闷热的早晨,会听到楼下厨房传来"哒哒哒哒哒"的切菜声。

啊,又是茄子啊。

我叹了口气。

"要迟到了哦——快点吃饭!"

我听到母亲的声音,下楼到厨房。不出我所料,那一天的味噌汤里也飘着茄子。

把茄子切开,里面很白。塑料泡沫似的很轻,像泳池里的浮板一样轻飘飘地浮在味噌汤里。用筷子稍微按下去,它会不服输似的又浮上来,完全融不到味噌汤里去。因为汤汁渗不进去,所以感觉不是太熟,吃下肚可能也消化不了。

喝茄子味噌汤时,我总是用筷尖戳茄子,把它戳到对面。茄子们就轻飘飘地漂流到木碗的对岸去。我就趁这个时候喝味噌汤,但是木碗很小,茄子撞到对岸又会立刻漂荡着返回。

到那边去啦。

我一边用筷子推开它们,一边慌慌张张地喝味噌汤,可茄子还是会凑过来。

喝到最后,我会咬紧牙关截住漂回来的茄子,从牙缝间

"滋溜滋溜"地啜吸味噌汤。木碗壁上粘着很多漂流木似的茄子。

"我吃饱了。"

正准备就这样站起来时,母亲生气了。

"哎呀,为什么要浪费专门放的食材啊?乖乖地全部都吃掉!"

我不情不愿地又坐好,用筷子夹起粘在木碗壁上的茄子,它们已经彻底变成了发黑的脏兮兮的颜色。

明明之前还不沾水汽轻飘飘地浮着,不知什么时候吸了满满的味噌汤变得软塌塌的,咬一口会吱的一声溢出汤汁来。

即使如此,茄子皮的质感也毫无变化,像是嚼着塑料一样,在牙与牙之间嘎吱嘎吱地摩擦着。我打了个寒战。

茄子到底有什么存在价值啊?没有味道,也没有香味。至于营养什么的,看起来好像也没有。这蔬菜到底哪里好了,我没搞明白。

不知道到底哪里好。说起这一点,小津安二郎[1]的电影

---

1. 日本电影导演,生于东京都深川,开创了表现平民家庭生活的"庶民剧"影片类型,独创低镜位摄影,被称为日本默片时代的一座顶峰,代表作有《晚春》《东京物语》《麦秋》等。

也是如此……

在我出生的昭和三十年代,是日本电影的黄金时代。我也曾在懂事前被父母带着去看过电影,电视上也每天播着电影。看过石原裕次郎[1]和吉永小百合[2]的电影,也为长谷川一夫[3]、万屋锦之介[4]、市川雷藏[5]的古早时代剧[6]而激动无比。沟口健二[7]的《雨月物语》、黑泽明[8]的《罗生门》给我留下了很深的印象。

然而,没有比小津安二郎的电影更无聊的电影了。全是黑白的画面,也没有打斗场面,我总是看一眼就马上换台,觉得他的电影比时代剧还落伍。

在我的大学时代,这样无聊的小津电影,居然像艺术品

---

1. 日本演员、歌手,战后日本最具代表性的演艺家之一,代表作有《疯狂的果实》《呼唤暴风雨的男人》《太阳的季节》。
2. 日本女演员、歌手,代表作有《有化铁炉的街》《天国的车站》《长崎漫步曲》,被誉为"日本国宝级影后"。
3. 日本演员,代表作有《雪之丞之恋》《鹤八鹤次郎》《地狱门》。
4. 战后日本电影全盛期的时代剧巨星,代表作有《红孔雀》《宫本武藏》《柳生家族的阴谋》。
5. 日本演员,歌舞伎表演者,代表作有《炎上》《弁天小僧》《华冈青洲之妻》。
6. 历史剧。古早,即古时候,或者年代久远的过去。
7. 日本电影导演、编剧,代表作有《西鹤一代女》《雨月物语》《山椒大夫》。
8. 日本电影导演、编剧、监制人,代表作有《姿三四郎》《罗生门》《七武士》。

一般被人们讨论,再一次流行起来。趁着这一股小津热潮,《东京物语》《晚春》《麦秋》都在电视上播放了。我也重新看了一次。

唉,还是呵欠连连……

笠智众[1]、原节子[2]、杉村春子[3]像常客一样登场,普罗大众不以为奇地度过的日常生活,在黑白色的阴暗画面中淡然地流转。

这是西尔维斯特·史泰龙[4]的《洛奇》热映的那一年。与史泰龙讲述的抓着美国梦向上攀登的拳击手的故事相比,《东京物语》《晚春》等等太过平淡,五分钟都看不下去。

这种电影,哪里好了?

我觉得喊着"小津、小津"而赞不绝口的人们,是借文化之名哗众取宠的骗子。

现在,四分之一个世纪过去了……

---

1. 日本演员,代表作有《年轻人的梦》《东京物语》《早春》。
2. 日本女演员,与田中绢代、高峰秀子和山田五十铃并称"映画四大女优",代表作有《我于青春无悔》《晚春》《忠臣藏》。
3. 日本女演员、作家,代表作有《女人的一生》《欲望号街车》《大曾根家的早晨》。
4. 美国画家、演员、编剧、导演及制片人,代表作有《洛奇》《第一滴血》《朋友之死》。

经同年代的友人推荐，我最近租来DVD，又看了一遍《东京物语》。

是时隔二十年从尾道来到东京的老夫妇，去探访成年后的孩子们的故事。可孩子们因为各自的生活忙得不可开交，老夫妇被儿女们互相推给其他兄弟姐妹们照顾。老夫妇回到尾道后不久，通知母亲病危的电报就送到孩子们手中。当孩子们拼命赶到尾道时，母亲已经停止了呼吸……

看完之后，我又跑到租碟店去借了《晚春》。在身为大学教授的父亲身边照顾他的生活起居且不打算结婚的女儿，在周围人的劝说下终于要结婚了……

然后我又马上跑去借了《麦秋》。错过适婚年龄的女性，决定和丧妻的中年男人结婚，家人为之担忧……

每一个都是非常真实的家庭故事，是我们身边俯拾皆是的普通人生，完全没有戏剧性，却不知为何直逼内心，令人眼眶发热。

父母的死亡，女儿的婚姻，家人的别离，孩子有了自己的家庭就会从父母身边离去，夫妇有一天也会变成孤身一人……人都有无法避免的分别，活着的人不得不在改变中生存下去。

这四分之一个世纪之间,我和我的周围都发生了变化。我开始了作家的工作后,不顾父亲反对离开了家,曾几度开始恋爱,而后又几度终结恋情。

我的家人也变了。父亲逝世,弟弟结了婚离开家,母亲给祖父母送了终,她也上了年纪。

这是有着各种各样的相遇和分别,以及情感纷繁交错的四分之一个世纪。《东京物语》里,东山千荣子[1]饰演的老

---

1. 日本女演员,代表作有《白痴》《樱之园》《东京物语》。

婆婆在田埂上逗着她的孙儿。

"不晓得婆婆能不能活到你长大成人的时候呢……"

她小声地自言自语着。看着她那温柔又寂寞的笑容，我想起了祖母，难过和怀念填满胸腔，眼前一片湿润。

饰演丧妻老人的笠智众回应道：

"要知道会是这样的话，那时就应该对你更好些……"

这句台词回响在我失去父亲后心中的那份寂寞里，肋骨静悄悄地痛起来。将普通人的感情里的微妙，如此细致丰满地编织而成的电影，以前有过吗？我感觉人生的所有一切尽在其中。

"是这样啊，原来小津安二郎的电影是这样的电影啊……"

三十几岁，我开始一个人生活时，用大锅煮了很多孩童时代母亲经常为我做的青椒茄子、浸煮茄子……

16. 七岁的拿手菜

我只在这里说哦,其实我不擅长做菜。在我们家,母亲从简单小菜或手擀荞麦面,到比萨或花式蛋糕,都是自己做。此外,弟弟还会烤奶油蛋糕,加了满满的在洋酒里泡过的树果子和水果的那种。

偶尔,母亲会说:

"唉,今天难得想吃咖喱啊,能做给我吃不?"

她提要求也是向我弟弟提的,谁都不指望我做菜,我也完全不参与。

所以,当女孩子们在聚会上为拿手菜的话题聊得热火朝天的时候,我真的特别不好意思。

"森下小姐的拿手菜是?"

为了不让这类话题抛到我这儿来,我会悄悄地削弱自己的存在感,一个劲儿专心吃东西。

这样的我,其实也有过醉心于做菜的岁月……大概是七岁还是八岁的时候吧。

那是一个星期六,中午我从学校回到家。

"我回来啦!"

然后厨房传来母亲的声音。

"你回来啦。现在我正在做土豆沙拉,过来帮帮忙。"

"嗯!"

我虽然疑惑着土豆沙拉是什么,但被当作大人对待而拜托我"帮忙",就发觉原来自己是被人信赖着的呀,于是像鼓满风的船帆一样干劲十足。

母亲揭开大锅的盖子,大股的水蒸气就冒了上来,带皮的土豆圆滚滚地出现在眼前。母亲用竹签轻轻地戳它们,确认煮透心之后,"唰——"地倒进竹筛里沥掉水分。锅和竹筛都很大,大人干的活儿都费劲。

母亲一边喊着"好烫、好烫",一边用手将煮得热腾腾的土豆的皮剥下来。

我则是负责把母亲剥好后放进大碗里的土豆碾碎。妈妈给了我土豆泥捣碎器,这是我头一回见的做菜工具。

用捣碎器用力压下去，土豆的形状就像向阳的雪人一样慢慢崩塌，从捣碎器底下的无数小孔里歪歪扭扭地被挤出来。水蒸气冒了上来，鼻孔深处就有了水煮土豆的香甜味道。

觉得很好玩，我入了迷。

"不要全都捣烂哦，要稍微留一些。"

比起碾得碎碎的弄成奶油状的土豆沙拉，随处留有土豆粒的才好吃。母亲一边说着，一边像施魔法一样用刀"咚咚咚咚咚"地切黄瓜。黄瓜瞬间成了薄薄的片状。

母亲将切成银杏叶形状[1]的胡萝卜水煮，又把黄瓜片和洋葱丝抹上盐揉搓后去掉水分和涩味，然后把苹果也切成银杏叶状，把火腿肉切成细条。

"用这个搅拌。"

"嗯。"

我抱着白色的搪瓷碗，卖力地用饭勺把土豆和其他食材搅拌均匀。在那饭勺搅拌的阻力中，我切身感受到了被支配着做事的感觉。

母亲用盐、胡椒和蛋黄酱调味。

---

1. 银杏叶切法是蔬菜切法的一种，把圆柱形材料切成圆薄片之后再改刀成十字形状的食品，形似银杏叶。

"尝尝看。怎么样?"

"……好吃!"

土豆像奶油色的春泥一样黏糯,又随处可见变得圆润的颗粒。

裹满土豆泥的黄瓜片有着脆脆的令人舒爽的口感,煮过的胡萝卜很甜,感觉很有营养。软软的和土豆泥分不清楚的洋葱丝,也散发出独特的呛鼻味道,咀嚼时会发出沙沙声。

当时每家每户都有白色的搪瓷大碗。

苹果脆脆的，有酸酸甜甜的香味。切成细条的火腿肉，它独有的味道也出来了。它们被包裹在带有自然而柔和的甜味、黏黏糯糯的白泥里，留下适中的咸味、胡椒的香味和蛋黄酱的酸味，消失在喉咙深处……

母亲说用这个做三明治，让我将黄油涂在白面包上。

不知道为什么，土豆沙拉夹在白面包里会美味倍增。在那之后，我再也没有吃过像那天的土豆沙拉三明治那样好吃的三明治了。

母亲不停地笑着说：

"好好吃呢，超级成功啊！"

我有种被母亲言谢的心情，胸中的喜悦油然而生，感觉自己做成了一件有价值的事。

那天下午，母亲出门买东西。在我一个人看家的时候，母亲的妹妹，也就是我的小姨来了。

小姨那时候在编织培训班上课，回家的时候偶尔会绕到我家来。

我一见小姨就问她：

"小姨，你肚子饿不饿？"

小姨说她饿得前胸贴后背。

"我给你做三明治。"

"小典会做吗?"

"会哦。"

我英姿飒爽地走进厨房。这时的我不再是母亲的助手,而分明感受到了自己做菜给别人吃的气概。

顺序和母亲做的一样。在菜板上摆好四片白面包,用刮刀在每一片上面涂黄油,再用圆勺从大锅里舀出土豆沙拉,在白面包上涂上厚厚一堆。我想把土豆沙拉尽量涂抹平,却没法铺得很均匀。有些部分凸出来,有些部分被压得平平的,看上去坑坑洼洼的。我只得勉勉强强地在上面盖上另一片白面包,就好像是给睡相难看的人盖上被子一样。

用手将凹凸不平的面包从上向下压，把面包的边角对整齐之后用刀切掉不规整的部分，然后从斜对角切下去，就做出了三角形的三明治。

四片白面包做了四份三角形三明治，上面黏糊糊地粘着很多我按压时留下的手指印。沙拉从面包边缘被挤出来，于是有些地方极其厚，有些地方只有一点点。

我把三明治放在盘子里，端了出去。我清清楚楚地记得那时的光景和那时的心情。小姨两手拿起三明治，说着"我要吃了——"，就从三角形的角开始放进嘴里。她刚一动嘴，立马双目发光。吃完第一个后，她气儿都没喘，"唰"地把第二块放进嘴里。照着这个架势，她像喝水一样吃光了第三块、第四块。

"啊——好好吃！小典，多谢款待——"

小姨由衷地说。

我做的东西，大人吃下去了，还高兴地说着"好吃"。我也能够为大人做点什么了……又高兴又得意，我感觉自己长高了一点似的。我懂得做菜的喜悦了。

自那之后，只要母亲在厨房，我就会说：

"我要来帮忙。"

我想为母亲出份力。

然而，越是在忙碌的时候母亲反而会把我轰走，说：

"到边上去。"

还说"很危险啦"、"你还做不了"、"碍手碍脚的"。我明明是想帮她来着的啊……

某一天，我突然意识到了什么。

事实上，母亲根本就没有依赖我。"帮忙"这件事，只是让我做小孩子能做的简单事情，她只是在当我的玩伴。我只是被母亲随意应付了而已。

原来如此！我只不过是碍事的小孩儿啊……

曾经自负地认为自己能独当一面，能助大人一臂之力，可大人和孩子的差别是如此之大，我不禁灰心丧气了。

之后我要是在厨房准备做些什么的话，就会传来盘问似的声音。

"作业做了吗？"

小学高年级时，开始为准备中学入学考试而学习。

"有空做这些的话，不如去学习！"

这句话是母亲的口头禅。我准备在厨房干点什么的时候，背后就会飞来这句话。一听到这句话，我就像被人发现正在做什么坏事一样吓一跳。被吓到之后很是气愤，"砰"地关上门跑到二楼去。很不开心。我才不要学习呢。那时是我的青春期。

结果高考完了之后,我也基本没做过菜。

而且在那之后,我以工作忙为借口,没有主动接近过厨房。蓦然回首,我已经成了不会做菜的女人。

前几天小姨来玩。年轻时候上过编织培训班的小姨也年过六旬,已经退休了。

小姨说起了这样的往事——

"以前小典做给我吃的土豆沙拉三明治,我现在都还记得哦。上面粘着很多小小的手指印,有些地方厚得不得了,有些地方又只有薄薄一层……"

这时,感觉内心深处被遗忘的某个东西闪闪发光了。自己做的食物,被人高兴地说"好吃"时,那份七岁的骄傲和欢喜还在内心某处残存着。时隔多年,如果再做土豆沙拉三明治的话,我会不会找回那种心情呢……

17. 鲷鱼烧[1]的焦皮

揭开茶道老师拿出来的果子盒,一个学生喊道:

"啊——是人形町的鲷鱼烧!"

人形町的鲷鱼烧?

鲷鱼烧不都是一个样子的吗?看一眼就知道是哪家的,有这样的鲷鱼烧吗?

我像是被她的声音引诱了一般,偷偷瞄了瞄果子盒。

"咦?"

看起来好像鱼拓[2]……鲷鱼的边烤焦了,黑不溜秋的。

---

1. 一种源自日本东京,以面粉、砂糖、牛奶与小苏打为材料,所做成的形状像鲷鱼的和果子。
2. 是将鱼体涂上墨或颜料后按在和纸或布上,以拓下鱼的形状的一种技法和艺术。

鱼鳍的一部分被烤掉了，鱼鳞上到处都粘着焦炭。

想象着烤得刚刚好的黄褐色鲷鱼烧的我，被像用墨汁画出来的鲷鱼烧惊到了。和焦皮一起蹦进我眼里的，是周围的薄脆皮。

想起了以前，塑料模具的零件周围会有从模具里冒出来的毛刺，凹凸不平地附在零件上。

大概是鲷鱼烧的金属模具"砰"地合上时，面糊从模具的边缘冒出来了吧。面糊就这样被夹在缝隙里烘烤，变成了薄煎饼。薄脆皮在鲷鱼的周围像大陆架一样向外延伸，鲷鱼看起来更大了。

我对这样的焦皮和薄脆皮没有招架之力。无法抑制沸腾喷涌的喜爱，我如狼似虎地盯着它看。

啊，啊，这里看起来好好吃！

"好了，趁还没冷赶快享用吧。"

那鲷鱼烧还稍微有点温度。

"我要吃了——"

鲷鱼背鳍外冒出的薄脆皮的边缘烤得黑黑的。我朝那里咬了一口。

"咔刺！"

发出这好听的声音后，混着焦味的香味一下飘散开来。

皮很薄，脆脆的。脆脆的薄皮裂开后，可以看见里面挤得满满的赤豆馅。

赤豆馅弹力十足，赤豆皮很有嚼劲，甜味也清淡可口。与其说是豆馅，它倒更有水煮赤豆的朴实味道。

我发现从鲷鱼腹部渗出来的豆馅，和薄脆皮一起被夹在金属模具里烤得黑黑的。这一点也让人越发喜欢。

啊，啊，这里……

鱼尾的尖端像炸煎饼一样香喷喷的，外皮的淡淡咸味残留在了口中。

"人形町的鲷鱼烧果然很好吃呢。"

"不愧是东京的三大鲷鱼烧。"

"三大鲷鱼烧？"

"哎呀，你不知道吗？"

通晓美食的一位同学告诉我，有麻布十番的浪花家总本店、四谷的若叶，还有就是人形町的柳屋。

"哦。"

几个月后，我碰巧路过人形町的甘酒横丁商业街，街上有家排着很长队列的店。是家店面很小的店，立着写有"高级鲷鱼烧——柳屋"的红色招幌。

"原来是这里啊。"

我向队列的末尾走去，发现队列竟在胡同似的细长通道深处盘亘了很远很远。

"哇，排了这么多人啊？"

"等三十分钟是很正常的哦。"

前面的客人回过头说。

即使如此，也没人抱怨。我很快知道了其中缘由。穿着白色罩衫的老板站在店门口，一尾一尾地亲手烤制鲷鱼烧。看着这幅场景，便不会有人觉得无趣了。

他的动作真的很快，不只是手在动，脚也朝前朝后忙不迭地踏着，踩着节拍。

肯定是十几年如一日地在店门口忙着做鲷鱼烧时，不知不觉间养成了这个步伐，不这样踏步就做不出鲷鱼烧来了吧。

用炭火烤热鲷鱼的金属模具，真是有些年岁了，黑不溜秋的。老板用圆勺子将白色面糊铺满金属模具，接着堆上让人觉得"咦，这么多"的赤豆馅，然后"砰"地合上它。

"噗"的一声，面糊溢了出来。哗啦啦流出的面糊着了火，"轰"地升腾起高高的火焰。

烤得差不多时，老板"砰"地打开金属模具，"啪"地一下把鲷鱼烧倒在面前的金属丝网上。鲷鱼烧在丝网上仍轰轰地冒着高高的火焰。

头上包着白色三角巾的阿姨戴着线手套飞速把它抓起来,用手灭掉火焰,"啪啪"地撒下烧焦的薄脆皮。

啊——阿姨,我可是好喜欢那薄脆皮的啊——

我心中呐喊着,一边不经意地扫了一眼阿姨的脚边。铺着瓷砖的地板因为炭化的薄脆皮变得黢黑一片。

手工烤制出的鲷鱼烧,就算想烤得一模一样也做不到。有的会有面糊溢出来,有的会烤焦,有的豆馅会放偏……明明是在同一个金属模具里烤制的,但是每一只都略有偏差。

人就是能感受到这种偏差里的不同韵味的生物。不单单是赤豆馅溢出来这么简单,当它在模具的缝隙里像煎饼一样被轧平,而且还烤得焦脆的话,人们会像中奖一样欢喜起来,激动不已地扭动着身子。

"啊,啊,这里,这里!"

人也是这样,要么太过火,要么太偏激,各有各的棱角。正因为有这些棱角,我们才会被他人珍惜、疼爱……

轮到我了。

"给我十尾,其中一尾现吃。"

"好的。"

阿姨把刚烤好的热乎乎一团鲷鱼烧用薄木纸[1]包好,再用包装纸包好,装进塑料手提袋里。
　　我拿着分装的一尾鲷鱼烧,一边"呼——呼——"地吹着,一边在街道上大口吃起来。刚刚还冒着火焰的薄脆皮,又焦又脆又香……
　　啊,啊!

---

1. 用丝柏等木材削成的纸装薄木片,可用以包装食品或制作工艺品。

18. 咖喱面包的留白[1]

采访完回家的路上,走到新宿站东口时,咖喱面包的巨大照片跃入我眼中。

"啊……"

我仿佛在熙熙攘攘的人海中遇见亲戚家的阿姨似的,心一下就安定下来,突然间感觉肚子很饿。

那家店是"新宿中村屋",是咖喱的老字号。

照片是咖喱面包截面的特写,周围的面包粉是黄褐色的。光是看着开口深处裹满小颗胡萝卜和肉粒的赭石色咖喱酱,就感觉鼻尖飘荡起黄金般香料的味道。

---

1. 就是在作品中有意留下相应的空白,给欣赏者一个想象的空间。

我被写着"店内贩售现炸咖喱面包"的贴纸诱惑,像被吸进去似的进了店。

在买调理面包[1]时,我会这样说:

"今天是咖喱面包和咖啡面包卷。"

"这回要咖喱面包和奶油面包。"

我会以咖喱面包为轴心,不停地变换着搭配。就算抱着今天一定要买其他面包的决心进店,当手拿托盘和面包夹,排着队来到咖喱面包前,看到那被褐色面包粉裹起来的样子时,无论如何都还是想要把它夹起来。

只要是咖喱面包,无论是刚炸好的热乎乎的,还是便利店架子上已经冷掉的,都很美味。我还未曾遭遇过难吃的咖喱面包。

在中村屋的玻璃橱窗里,店员从油池子一样的油炸锅里捞起咖喱面包,然后放在旁边贩售。

有鸡绞肉卡利[2]面包(一百五十日元)和牛肉卡利面包(两百五十日元)这两种。面包上用牙签插着一颗橄榄,名字也不是咖喱而是卡利,从这点来看很有老字号的味道。

1.指烤至成熟前或后,在面包坯表面或内部添加奶油、人造黄油、蛋白、可可、果酱等的面包。不包括加入新鲜水果、蔬菜以及肉制品的食品。
2.咖喱的较早叫法。

"我要一个牛肉卡利面包。"

"您是现吃吗?"

"就在这儿吃。"

店员把一个刚炸好的咖喱面包夹在蜡纸小袋子里。

"很烫,请小心。"

说着用手递给我。薄脆的蜡纸通体变得半透明,就像吸油纸那样。隔着那层薄纸,我感受到了热度。为了手不沾到油,也为了方便啃咬,我用餐巾纸包住咖喱面包的下半部分,只露出面包的头来。

侧耳倾听刚炸好的咖喱面包,会听到热炸油在面包表面"吱吱"躁动的声音。褐色的面包粉有颗粒凸起,看起来像是很愤怒一般。为了不被刺痛,我一鼓作气张大嘴,从咖喱面包的头开始咬下去。

感受到薄脆口感的同时,热油的甜香气味"哗——"地飘荡开来,颗颗凸起的面包粉针扎似的刺着嘴和脸颊。想起了小时候被父亲抱在怀里时,他脸上刚长出来的胡须带来的刺痛。

有时候,只咬一口咖喱面包是看不到咖喱的,看见的依然是面包。据我的经验,三次里有一次左右会是这样的情况。不过,这样的咖喱面包我也喜欢,因为面包本身就有微微的甜味。不管它是热油的味道呢，还是我自己的错觉，这微微的甘甜和咖喱的强烈风味不可思议地水乳交融。

这一天，我咬了一口之后，只见面包从咬开处软软地张开，露出一个小口。从边缘处粘着黄颜色的洞口里，瞬间吹起狂风似的，香辣的味道弥漫开来。

咖喱的味道会将人任意摆布。被那味道逮住的话，就没法再想起其他的任何食物。

吃到一半时，到处都是面包粉。

啊，这味道！

我只能任凭咖喱味道使唤了。

我也不顾面包粉凸起的颗粒了，无论什么都无所谓，只是遵循着本能的指引，贪婪地渴望着咖喱的美味。

面包粉沾在脸上也好，掉在毛衣的胸口处也好，都没关系。微甜的炸面包和松脆的面包粉的口感，跟强烈的咖喱味相互糅合，其中还有胡萝卜的甜味、洋葱的纤维感、土豆的口感、牛肉的滋味，它们猛地接近，相互混合。它们组成了这世间的一切。

我沉醉其间，别无所求了。明明不想笑的，却"呼呼呼"地笑出声来。

不过，我从未见过一款咖喱面包会被咖喱塞得满满的，不留空隙。基本上都是把咖喱堆积在底部，上面留有很大的空间。也有像洞窟温泉一样的咖喱面包，巨大的洞穴敞得很开，只有底部涂了一点点咖喱。

这个空洞是什么呢。

很长一段时间，我都百思不得其解。

这样省着用咖喱，敷衍了事，然后可以多赚钱了吧。

因为无论什么时候，也无论在哪儿买的咖喱面包，都有空洞，我深深地怀疑过商人的所谓良心。

长大以后，朋友告诉我：

"那个洞啊，是油炸的时候面包伸展了，自然形成的哦。面包受热了，里面的空气会膨胀嘛。"

经朋友这么一说，我想起刚炸好的咖喱面包确实如此，总是胀得鼓鼓的，可放了一段时间后，咖喱面包的中心部分就会变扁起皱，一副凹着下巴的大力水手[1]的样子。

那是其中空气的收缩所为的鬼斧神工。油炸时，空气的膨胀形成了咖喱面包的空洞。我还曾对面包店起疑，真是抱歉。

"真傻啊，这你都不知道吗？"

可是，真的就只是这样吗？

听说咖喱面包是昭和二年，由东京江东区的面包店做出来的。

在其后的漫漫八十年中，每次咬下咖喱面包，那儿总是空荡荡地敞着洞。

从来没有被偶尔填满过，那个洞就这样敞了八十年，我总觉得像是有什么特别的意义……

某天，我咬了一口咖喱面包，突然有所领悟。

---

1. 美国漫画人物，一个叼着烟斗、爱吃菠菜、敢于坚持自己，并为市井小民挺身而出的美国偶像。

如果没有空洞,咖喱塞得满满的话,在猛一咬下去的那一瞬,被挤压着的咖喱说不定会"噗"地冲破面包飞溅出来。黄色的咖喱四处飞溅,说不定会弄脏山羊绒毛衣的正面。这样的话,咖喱面包就成了无法顺从本能、心无杂念地大快朵颐的危险食物了。任何馅料,并不是里面塞得满满的,就万事大吉了。

话说回来,就算咖喱面包里的咖喱可以塞得满满的,那么和面包的量相比,咖喱的量就会过于多了。原来,这也是讲究味道的平衡啊。

我想起了咬下咖喱面包的第一口时,从小口子里风一般吹出来的最初的咖喱香味。那不就是被空洞里的风送出来的吗?

在烹制的过程中偶然形成的,乍一看没什么用的空洞,其实说不定正是它让咖喱面包变得美味可口。正是因为人们知晓了这一点,咖喱面包才会保有里面的空洞,直到如今的吧?

这也许就是所谓的"留白"。或许只有珍视留白的日本人,才能热爱这样的面包至今吧。

这样一想,这个大大敞开的空洞也变得可爱了。

19. 悲伤的赤豆饭团

"我家做了很多,所以……"

邻居太太端着托盘过来。揭开布帕,盘子上并排摆着五个捏成三角形的紫红色饭团。

是赤豆做的饭团……

"哎呀,总是受您照顾。"

我一边道谢,同时嘴里变得微微苦涩。

一看见赤豆的饭团,我就会有些难过,所以我一直把那种感觉当作是赤豆的味道。

然而,这世间还是有相当一部分人很喜欢赤豆饭。从很早以前开始,赤豆饭、糯米小豆饭,便是庆贺之时会做的喜庆食物。貌似在便利店的饭团架上,赤豆饭团也是很畅销的。

明明是喜庆的食物，我却觉得有些悲伤。

……也就是说，觉得难过又苦涩的是我的内心，赤豆本身是无罪的。悟到这件事时，我早已过了四十岁。

　　意识到这一点之后，很神奇的是，装在套盒[1]里的赤豆饭和舀进碗里的赤豆饭看起来也不那么悲伤了。不过，饭团状的赤豆饭还是会令我感觉难过又苦涩。

　　为什么会这样呢？

　　小学六年级的时候，我读书的学校里有很多学生要参加中考，所以每周有两次，下午的课上完后，还有针对升学考试的补习课。

　　小学六年级，正是学生长身体的时候。下午的课上完之后，大家的肚子都会饿。这时候，母亲们会轮流当值，在补习课开始前送来各种零食点心。

　　下午的课快结束时，长长的走廊尽头就会传来牛奶瓶相互碰撞的声音，"哐当，哐当，哐当，哐当"，逐渐靠近。于是，大家会兴奋不已地嚷嚷道："零食来啦！"趁老师面向黑板的间隙，坐在最后一排的男生就偷看走廊，压低声音传话给前排的同学：

　　"喂，是豆皮寿司和水果牛奶哟。"

---

1. 日本人盛装食品用的方形木制食盒，重叠数层，多为漆器。

这小声的传话,像水中涟漪一样传遍整个教室。

"据说是豆皮寿司和水果牛奶哦。"

"是崎阳轩的横滨炒饭和牛奶。"

"是茶巾寿司和橙味酸酸乳。"

"是夹馅面包和咖啡牛奶。"

诸如此类的零食,各种各样,不一而足。当然,最为频繁登场的是赤豆饭团。

"那是因为啊,班主任田中老师很喜欢赤豆饭团啊,所以妈妈们才很上心。"

这是长大之后在同学会上听说的。

赤豆饭团在学生中间是不受欢迎的。

"什么啊,又是赤豆饭团啊。"

也有同学直截了当发出厌倦之声。

"我不吃。"

"那可以给我吃吗?"

教室里到处都有关于饭团的对话。

也有这种情况,并不是因为不想吃才给别人,而真是想送给别人吃。女孩子会故意跑到较远的位置,递上赤豆饭团,对男孩子说:

"这个给你。"

橙味酸酸乳是那时的热门。

四十人的班级里,男生二十四人,女生十六人。小学六年级的学生,正是开始注意异性的年纪……

我也曾有喜欢的男孩子。他叫名波,有一张总让人联想到浣熊的脸,有一双黑糖一样水润灵光的大眼睛,还有浓而短的睫毛。他的衬衫领子总是用熨斗规整地熨过,大脑袋后面的自来卷有着大大的旋涡。

我和名波君在三年级的时候做过一次同桌,我们一起做过测量日晷影子长度的实验。

从那时候开始,我就对名波君抱有朦胧的好感,可我不知道如何处理这懵懂的感情,总是和他拌嘴打闹。

那之后,我和他的座位分开了,就再也没有了什么交谈。

六年级的教室里,名波君的座位是离我三排远的斜前方,朝黑板方向看的话,他自然而然就会进入我的视线。我总是从斜后方,盯着他大脑袋后面的自来卷看。

班里有个像男生一样大大咧咧的女生,叫和子。如果有人跟她开玩笑说:"你这家伙喜欢名波吧。"

她会装作很男孩子气的样子说:"你很烦啊。"可是脸却变红了,这些我可是看在眼里。

某天的零食时间,赤豆饭团又来了。教室里到处都闹哄哄的,充斥着"又是啊"、"不要"、"那可以给我吗"之类的声音。

在闹腾之中我看见和子行动了。她悄悄地靠近名波君的座位,放下赤豆饭团,说了些什么。总是像男生一样的她,这时候露出了一脸女孩子的表情。名波君的侧脸也是笑盈盈的。

我的内心波涛翻涌,不知不觉地站起来,走向他那儿,从他的斜后方搭了话:

"名波君……"

他手里拿着吃了一半的饭团,把嘟着半边脸蛋儿的头咕噜噜地转过来。

"这个给你。"

我把赤豆饭团狠劲地递到他眼前。结果他说:

"我才吃不了这么多咧。"

还"呕——"地做出呕吐的样子。

……我拿着饭团,就那样呆呆站着,不知所措地望着名波君。而在我发呆的表情下,胃部附近翻涌起一阵阵的沉痛和悲伤。我想,不论是小学六年级的学生还是成年的女人,这种感觉都是相同的。

我回到座位,自己吃掉了名波君没有收下的赤豆饭团。

总感觉和平时的味道不同。赤豆皮咬破后,里面的苦味散落出来，原本应该是咸咸的芝麻盐粒也变成苦的了。我只吃了一半。

自那以后，我便觉得赤豆饭团是令人悲伤难过，而且带有苦涩味道的食物了。这种想法一直陪我生活到现在，实在是一件可笑的事。

人到中年，这份偏执也渐渐变淡，我也可以吃赤豆饭团了。煮好的赤豆饭团软软糯糯的，光泽诱人，闪烁着美丽的赤豆色，看起来很美味。芝麻裂开的香味和盐粒刺刺的味道，周遭都能感受到。

但是，那种苦味还在。那变淡了的些微苦涩，给我所吃的赤豆饭团平添了一丝感伤而怀旧的味道。

虽然那时候名波君没吃我的赤豆饭团，可我还是喜欢他。不过，我只是从斜后方的座位看着他，什么也没说。毕业典礼之后，就再也没有见过他。

几年前，在同学会上重逢了曾经的情敌和子。因为名波君的往事，我们聊得热火朝天。

听说他当了医生，现在在地方医院里工作。

20. 幸福的烧卖便当

我是土生土长的横滨人，打从记事开始就在吃崎阳轩的烧卖便当了。旅行的时候就不必说了，平时我也经常买回家吃。所以至今为止，我应该是轻轻松松吃过三百回以上了。

横滨车站内的崎阳轩的店里，有穿着大红旗袍的烧卖小妹。某次旅行途中，在朝伊豆[1]、箱根[2]前进时，在东海道线下行站台的店里，我对烧卖小妹说：

"请给我烧卖便当和茶水。"

说这话时，我总是下定决心。

---

1. 日本的旅游胜地，位于静冈县东部的伊豆半岛及东京都的伊豆诸岛。
2. 日本的温泉之乡、疗养胜地，位于神奈川县西南部。

今天可不能一下子就吃完的。

我准备等电车开到大矶、二宫附近，可以看到车窗外悠然的蜜柑林和相模湾之后，再打开便当，享受旅行的惬意。

可是，当我碰到烧卖小妹递给我的口袋的底部时，暖呼呼的米饭温度瞬间就从便当盒的底部传到我手上。坐在电车包厢的座位上，把口袋放在膝盖上，大腿感觉热乎乎的，同时烧卖的香味"哗——"地飘过来。

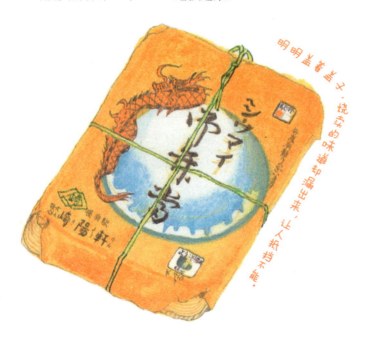

明明准备留着，烧卖的味道却溢出来，让人抵挡不能。

面对这般诱惑,我无论如何也抵挡不了,瞬间就败下阵来。电车还没驶离横滨车站的站台,我就开始去解便当盒的带子了。打开盖子,"啪"地掰开一次性筷子,我开始吃起便当了。直到现在,还没有一次,我是一边眺望着蜜柑林和相模湾,一边吃便当的。

吃烧卖便当的时候,我总是把解开的带子折成八段系好。然后取下包装纸,"哗啦"一声掀开便当盒的盖子。盖子里面基本上都粘着几颗饭粒,我会用一次性筷子把那些饭粒小心地刮下来吃掉,然后把变干净的盖子和包装纸垫在饭盒底下。这样一来,就能在不弄脏电车座位周围的狭小空间的情况下吃饭了。这是我长年吃烧卖便当时,自然养成的习惯。

烧卖便当里的米饭特别美味。每一颗饭粒都闪着光,就算冷了也好吃。它们像茶田一样一垄垄地错落着,每一垄里都撒有黑芝麻,正中间嵌着一颗绿色的小梅干。

便当盒被分配为米饭区和配菜区,却不是常见的七三开和六四开。据我的目测,它的比例被分配成了4.5比5.5左右。每次吃烧卖便当,我都会强烈地感受到这便当盒的分配比例演绎着崎阳轩的意志。

一方面,"我们家的烧卖便当,里面不光有烧卖,还有丰盛的配菜。我们想让大家品尝这多彩的味道"。

另一方面,"可是,好吃的配菜更让人们想吃美味的米饭。我们也想让大家多吃本店引以为豪的美味米饭"。

两种想法争来斗去,分毫不让,最后"呜嗯——"地沉吟之后定下来的,就是米饭区和配菜区在分配上这微妙的配比了吧?

配菜区的有限空间里,菜肴盛得特别丰富。作为主角的烧卖,就多达五个。崎阳轩的烧卖用的是虾夷盘扇贝的干贝之类的食材,就算冷了也实在好吃。然后是存在感不亚于主角的鲔鱼照烧[1]一块,酥脆飘香的炸鸡块一个,鱼糕一片,酸酸甜甜的杏仁一颗,以及十分入味的煮竹笋丁和玉子烧[2],还规规矩矩地放着小酱油瓶和芥末。

说到酱油瓶,装在崎阳轩的烧卖便当盒里的小酱酱油瓶,很久以前就非常有名。葫芦形状的小小的白色瓷器上,画着一个个生气的脸、欢笑的脸、哭泣的脸。一边猜想着会出现什么表情,一边打开便当盒子,曾是我的乐趣。

配菜区一角的小小的三角形空间里,放着生姜丝和海带

1.日本菜肴烹饪方法。通常是指于烧烤肉品过程中,外层涂抹大量酱油、糖水、大蒜、姜与清酒(或味醂)。
2.日式家常鸡蛋料理,也叫厚蛋烧,是摊一张鸡蛋饼卷起来,继续倒蛋液,继续卷,最后成一张蛋饼卷。

便当盒的烧卖旁边放着小酱酱油瓶。
打开便当,里面的小酱会是什么面孔?

△这是第二代,原田治先生设计的。　　△这是初代,横山隆一先生设计的。

丝的佃煮。

仅有明信片那么大的配菜房里，有主角和准主角[1]，蒸的、煮的、烤的、炸的，样样都有。而且，吃到一半时，为了让食客转换一下心情，还有作为名配角的咸菜和佃煮，甚至搭配得有杏子之类的零食。

没有不好吃的，也没有滥竽充数的。在所有想让人品尝的配菜中精益求精，不该落下的样样都有，从而造就出味之箱庭[2]。

吃烧卖便当时，我会估量着配菜和米饭的分量，以便合理分配五个烧卖，我在吃上下足了功夫。

首先打开酱油瓶盖，在烧卖上面"咻咻咻"地滴个遍，同时也滴在鲔鱼照烧上。然后，先吃一个主角烧卖，在那不变的美味中细细咀嚼幸福。剩下的四个烧卖，其中一个用作收尾的配菜，所以留在最后，另外三个则在吃其他配菜的间隙，间隔同样的时间分配着吃。这样一来，幸福好似就会一直持续，这令我开心无比。

---

1. 日本作品中的第二主角，是介于主角和配角之间的角色。
2. 一种将传统日式庭院模型浓缩在小而浅的箱子里观赏的工艺品，盛行于江户时代后半期到明治年间。

鲔鱼照烧和炸鸡块都是不逊色于主角的美味。吃一口配菜，再吃一口饭，然后又吃配菜，再吃一口饭……

其间，有时会吃点咸菜或佃煮作为小插曲。这样一来，不会中途就泄气，也不会觉得无趣，便当的充实感会持续到最后。

我在想，如果人生也是这样就太棒了。换句话说，也许我想在烧卖便当盒里实现理想的人生：开端和收尾里都有巨大的幸福，途中还有不同味道的幸福络绎不绝地造访；其间品尝的米饭，就是美味无限的日常生活……

一边思考着这些，一边细嚼着留到最后的宝贵烧卖。配菜区只剩了一个杏仁，它那酸甜的味道让我皱起了脸。接下来，我"咯吱咯吱"地嚼起了米饭区里剩下的梅干，嘴里变得无比清爽。烧卖便当，终于被我算计得彻彻底底的。

就这样，在一粒米饭都不留的空便当盒里，只剩了一颗梅干的核。我再次盖上盒盖，套上包装纸，系上带子。在包回原状的烧卖便当的空盒里，听到梅干核翻滚时发出"咕噜咕噜"的声音，我觉得自己的人生也完美无缺了。

21. 荻饼的回忆

小时候，彼岸时节到来时，就会被父母带着去扫墓，回家的时候会绕路到爷爷奶奶家去。奶奶闹闹腾腾地到玄关来迎接我们，起居室里总是放着套盒，套盒里放着很多搓好的荻饼。

奶奶做的荻饼个很大。她把荻饼盛到小盘子里劝我吃：

"小孩子不需要客气，多吃点。"

她虽这么说，可说实在的我不喜欢荻饼。糯米上粘着豆沙馅，感觉很不舒服。

奶奶经常蹦出很多吓人的词来，"弄个半死"啊，"杀绝"啊，诸如此类的，逗得父亲和母亲哈哈大笑。据说，在奶奶出生的地方，形容糯米粒的粗细时，用杵磨成糯米渣的状态叫作"弄个半死",磨到没有米粒的状态叫作"杀绝"。

　　最喜欢奶奶做的荻饼的是父亲,他的筷子不停地伸向套盒。父亲是就着羊羹喝酒的"双刀客",夹馅儿甜食他也很喜欢。奶奶肯定也是想让许久才到家里来的父亲吃,所以一大清早就开始干劲十足地做荻饼了吧。

　　虽然递给我的我会吃掉,但是我却从未打心底里想过:

珍藏的果子……

啊，想吃荻饼！

2006年的初夏，因为杂志工作的原因，我去了电影的试映会。是黑木和雄[1]导演的名为《纸屋悦子的青春》的电影。

故事背景在鹿儿岛，是战败气息浓厚的昭和二十年的故事。女主角纸屋悦子在东京大空袭时父母双亡，之后寄身于哥嫂家里，谨慎而规矩地生活着。

她偷偷地爱着一个青年。那人是她哥哥的后辈，海军航空队的明石少尉。然而，有一天，有人来给她说媒了，那对象又偏偏是明石少尉的亲友——永与少尉（永濑正敏）。

明石少尉也爱慕着悦子。可是，他作为特攻队的一员已经决定要出发去战斗，于是就把这份心意深藏心底，想将悦子托付给亲友永与，所以才力荐永与去相亲。永与同样是海军航空队的整备兵。他也爱慕着悦子，而且活下来的几率很高。

相亲那天，悦子家院子里的樱花开了。明石和永与来了，起居室里的矮脚饭桌中央，摆了很多堆得冒尖的、用布帕盖起来的荻饼。悦子为了招待两个青年，用在配给之中省下来

---

1. 日本导演、编剧、剪辑，代表作有《龙马暗杀》《筹备节日》《纸屋悦子的青春》。

的精心保存的珍贵赤豆和砂糖做了很多荻饼。用仅有的一点宝贵食材搓成的荻饼，和珍藏的静冈的茶，这是她竭尽所能的款待了。

隔着堆得冒尖的荻饼，实诚又憨厚的两个青年和美丽女性之间逗趣而风雅的对话，是这部电影的核心场面。

悦子外出时，两个青年悄悄地揭开布帕来看。

"是荻饼呀。"

"悦子小姐做的，肯定好吃啊。"

可是，在悦子面前，两个人都忍耐着，都不去拿荻饼。

"你们不喜欢荻饼吗？"

被悦子这么一说，他们就大喊：

"喜欢的！"

然后猛地伸出手，像是直接吞咽下去一般开始吃起那巨大的荻饼来。吃完一个后马上伸手拿第二个，回过神来后又急忙缩回手，可悦子劝他们说"请吃吧"，才安下心来似的吃第二个。

因为年轻人特有的迟钝和漫画式的对话，试映会会场到处都有"咯咯咯咯"的波纹似的笑声。

那是每个日本人都刻骨铭心的、食不果腹的时代。恐怕已经很久都没吃甜食的两个青年，似乎怀疑这世上竟然还有这么好吃的食物似的，一脸幸福地大快朵颐。

对那个时代的人来说，荻饼曾是这样的食物……

明石从相亲席上离开，悦子和永与单独相处。明石的心意，悦子和永与都明白。那天，悦子和永与约定了未来，而明石则在几天后作为特攻队一员出发去战斗了。

永与来到悦子家告知明石的死讯时，院子里的樱花飘飘洒洒地凋落下来。

"刚刚才绽放，就开始凋零了呢。"

永与小声念叨着。

试映会会场外是正午的日本桥。在巨大的不公前只能沉默忍耐的无名青年们，他们的节俭和质朴让我感觉胸口像要裂开似的难以承受，在上班族们穿梭来往的大街上，我"哇哇"地放声大哭着走到车站。

父亲和明石、永与是同时代的人。奶奶一定是省出配给的赤豆和砂糖，来为儿子做荻饼的吧？这两人都已经不在这世上了。

想吃荻饼了……

我开始这样想，是在看了《纸屋悦子的青春》之后。最近，我经常在百货商场地下街买荻饼。小时候曾经讨厌得"半死"状的糯米和甜豆馅的搭配，美味得沁人心脾。

22. 这世上最好吃的东西

那是我初中二年级时的冬天。某天下午上课的时候,我突然感觉背后发凉,肩膀异常地酸痛,全身乏力,像是要被地底吸进去了一样困倦。

回到家,母亲喊着:

"你的脸好红!"

然后把手搭到我额头上。那手凉凉的,感觉很舒服。

我钻进被子里,可还是不停地打着寒战。一看夹在腋下的玻璃体温计,水银在四十度的刻度附近闪闪发光。

明明困得不行,却被不知是谁的"呜呜呜——"的低声呻吟一再吵醒。

其实,发出呻吟声的是我自己……

晕乎乎地意识模糊之后，自己化身成了蝴蝶，在贴近地面的地方轻飘飘地飞舞。在这样一个浅浅的梦之后，我又被"呜呜——"的呻吟声吵醒。

想把脑袋从枕头上稍微抬起来一下，就感到一阵剧烈的疼痛，痛到让我觉得是不是头盖骨上裂了缝。

高烧持续了两晚。

我会死掉吗……

泪水顺着眼角流进耳朵里。

"要吃点什么吗？"

我轻轻地摇头。热，热得人难受。

"……水。"

枕边放着玻璃鸭嘴壶[1]。睡着吸进嘴里的水是温热的，有苦味。

第二天的深夜，我因为全身被温凉的汗水打湿而醒来。湿得透透的睡衣紧贴在身上，简直让人怀疑是不是尿床了。那一晚，从内衣到睡衣一整套换了两次。

"出了这么多汗，已经没事了。"

---

1. 附有管状长吸口的壶形容器，可供人躺着饮用水或米汤等流质，适用于病人。

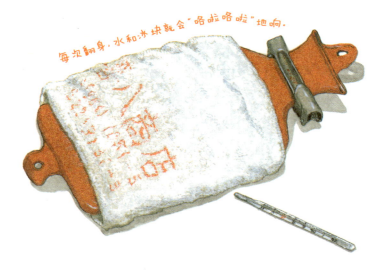

我听到母亲的声音。

那之后我终于没再呻吟，可以沉沉地睡去了。我像是沉睡在海底的海牛，长时间沉在水里丝毫不动弹，偶尔会"噗"地浮出水面，稍稍恢复意识翻个身，又沉到水底熟睡。

醒过来时，已经是第三天的早晨。起身去厕所，结果浑身软绵绵的，像在空中游泳一样飘飘忽忽的。

"我煮了粥……"

"……那我吃一点好了。"

自己那沙哑的声音，听起来像是别人的声音。

我晕乎乎地坐下来。矮脚饭桌上的隔热垫上，摆放着一个润泽发光的圆物。是手球大小的茶色陶器，像浇过蜜糖似的发光。

是我没见过的砂锅。

圆滚滚的厚实锅体上的茶色短把手，就像变身失败的狸猫的尾巴一样，直挺挺地突出来。

"……这是什么啊？"

"是雪平砂锅[1]哦。"

应该是之前一直被报纸包着，放在厨房的橱柜深处的吧。

---

1. 一种白釉砂锅，带柄、盖儿、注水口的陶制锅，用于煮粥等。

"粥啊，用这个来煮的话，很好吃哦。"

母亲边说边拿开盖子，热气就"哗"地冒上来。她用木质圆勺从狸猫般的砂锅里轻轻舀了一碗给我。

我还记得那时的声音。木质的勺柄碰到锅沿的时候，就会发出"哐、哐"的声音。

与金属和金属互相碰撞的尖锐声音不同，砂锅和木头相撞的声音圆润而柔和。

不仅是声音。用厚实的砂锅炖煮，木质的圆勺舀起来的粥，也柔软蓬松质地温和。

朝阳洒在饭桌上，粥里的米粒闪着水润的光泽。

我已是事隔三日再握住筷子了，身体还是晃悠悠地不听使唤，粥从筷子的缝隙里"啪嗒啪嗒"地滴落。"呼——呼——"我吹了吹粥，送了一点入口。

……嚼了几下之后，口水"噌"地冒出来，味觉瞬间就苏醒了。

黏在饭粒上的淀粉糊浓浓稠稠的，里面的水分甜得令人惊叹。和蒸气的温热一起散发出来的，是米的甜香。我能真切地感觉到营养和美味一起，深深地渗透到每个细胞里。

"啊——"

我忍住了耳朵下面的刺痛。

"我还要一碗。"

"噢——你能吃饭了,这下没啥大问题了。"

母亲一边安慰我,一边跟在父亲身后目送他出门去公司上班。我用余光感受着这温暖的一幕,开始吃第二碗。

这十年中,每次感冒时都将我治愈的老旧砂锅。

这世上再没有这样好吃这样香甜的食物了。粥的米粒，清晨的阳光，交映生辉，闪闪发光。因为高烧而变得虚弱乏力的我，感觉渐渐地在重生。

吃了两碗半粥之后，我回到被窝里，又变成了海牛。

醒来已是下午了。家里一片寂静，母亲好像出门买东西去了。我在睡衣上套上棉羽织[1]去厨房，瞄了一眼那狸猫似的砂锅。早上的粥，只剩下一半了。

我盛了一碗冷粥。不可思议的是，冷粥也很好吃。

我的舌头敏感到只要小小的一滴水，浸染过的地方便会感受到十多种的甜味。用这样的舌头去品尝，凉凉的粥的甜味让濡湿的唾液像泉水般涌出来。那唾液同样无比甘甜。

我想，这就是生命的甘甜。

吃多少碗都不成问题。雪平砂锅里变得粒米不剩，空空如也。我"砰"地一下把木勺丢进空荡荡的砂锅里，砂锅"哐"地响起圆润的声音。

放下筷子，抬起眼，我发现自己焕然一新了！我用全新自己的全新眼睛，像初见似的看向窗外。灌木篱笆上，冬青

---

1. 和服的一种，是罩在外面的翻领和服短褂，衣领一直延长到下摆，在胸前系带。

卫矛的一枚枚叶子沐浴着午后的阳光，如翠玉般发着光，世界闪着清辉。

我打心底里想着，要是一直以现在这份心情度过一生的话就好了……

那之后，我立马就开始能吃咖喱、意面、烤肉了。一星期不到，我的身体就恢复了正常，闪着清辉的世界也变回了原来的平凡模样。

然而，只有那雪平砂锅熬的粥的味道令我无法忘怀。某天，我又让母亲熬给我吃。

很好吃。可是，没有了那一闪而过的感动。是舌头不同了。那个被高烧魔住的、全身的汗水都流个精光的晃悠悠的身体，在事隔三天之后才能进食时，舌头的那种纯粹的味觉已经消退。

再后来，我只要生病卧床，母亲就会用那狸猫砂锅给我熬粥。粥中的米粒黏黏糊糊的，依然很香甜，木质圆勺也依然"哐"地发出响声。

离开父母开始一个人生活时，我最先买的厨房用品就是雪平砂锅。在瓷器店中，我从所有货品里挑了最像狸猫颜色的砂锅。直到现在，每当我感冒时、疲倦时、失落时，我依旧会用这个砂锅来熬粥。

单行本后记

平成十四年的秋天,我接到了一通电话。

"请您在我们公司的主页上写连载文章。"

这个公司就是梶原株式会社,一个制作和果子豆馅之类的食品加工机械厂商。

对于在杂志或书上写文章的我而言,面对完全是另一个领域的机械制造商发来的工作邀请,最初很犹豫。可老板梶原秀浩先生说:

"请您随心所欲地书写关于食物的思考。"

因为这句话,我决定试着写写看。

不是美食,也不是健康食品,是关于身边的食物的回忆。

我在想要吃某个东西时的那一瞬间,常常会被奇妙的感触勾魂夺魄。遇到那食物的口味或香气的时候,以前在某个地方感受到的欢乐和感伤，就会从全身上下"咻——"地蹿出来。

当触碰到这类关于肉身的记忆时，我会觉得作为生物的自己很可爱。把食物放入口中时，人们一定是连着那一天那一刻的心情和印象一起吃下去的。

这一切和食物一起吃进嘴里，在身体的深处堆积，某一天遇到同样的或相似的味道的话，就会像拉起书签绳"哗啦啦"地翻开书页一样，无比鲜明地复苏过来。

我觉得每一次吃东西，不仅是补充身体的能量，也在一边品味着过去，一边创造着未来。

在梶原株式会社的主页上连载每月一次的"美味无处不在"，开始于平成十四年的十一月。因为是机械厂商，固然是没有编辑人员的，于是企划部的藤森健一郎先生就急急忙忙地做了负责人，从定标题到编辑、上传文稿，都由他帮我完成。

连载的第三回起，公司就建议我：

"森下小姐，要画插图吗？"

于是，我又开始画起插图来。我从事文章写作的工作已经二十多年，画插图是第一次。

这手工制作的网页连载，被世界文化社的内山美加子女士发现并阅读后，她告诉我想制作成书。

我修改了网上登载的文章中的十四篇，加上新写的七篇，辑成了这本《亲爱的食物》。

我由衷地感谢给予我连载机会的梶原株式会社的梶原秀浩老板，和总是将我迟交的原稿迅速上传的企划部的藤森健一郎先生。

还有世界文化社的内山美加子小姐，因为有疼爱每一篇原稿的您的鼓励，我倍受支持。真心的真心的谢谢您。

平成十八年 春
森下典子

跋

自本书初版之后又过了八年。用文章和插画描绘出对食物的热爱的"美味无处不在",现在仍在连载中,马上就要进入第十三个年头了。

我很喜欢吃东西却不擅下厨,常常以忙为借口把厨房交给母亲,一晃都五十五岁了。母亲早已上了年纪,很明显不能永远依赖她,我担心是否有一天会遭到报应而深感不安。

母亲因为弄伤膝盖而没法再立于厨房是去年三月的事。

"你来做饭吧,我已经做不了了。"

母亲终于宣告了厨房的移交之事。虽说我很清楚这一天总会到来，可我没有任何准备。

我究竟能做些什么呢……

虽然从未做过什么料理，但是，我的人生经历倒是很丰富，那便是在各种各样的地方和各种各样的人享用美食的记忆。

母亲那煮得稠乎乎的鸡翅尖和梅干炖沙丁鱼，奶奶做给我吃的胡桃拌菜、浸煮茄子，中国友人们从皮的做法开始教我做的饺子，在上海吃的皮蛋豆腐，在居酒屋吃的油炸山药紫菜卷，在冲绳的民居里吃的炖肉块……我决定参考网上的食谱，从我大概可以做出来的料理开始，将这些留在记忆里的味道尝试着再现出来。

值得高兴的是，母亲说着"很好吃哦"，开心地吃下去了。就因为这一句评价，不擅料理的情结就像刚烤好的薄饼上的黄油一样融化了。据说自己做的食物如果被人开心地吃下去的话，会发现做菜是如此快乐，生存下去的自信会从脚底涌出。确实有点晚，但是我明白这感觉了。虽然我会做的料理还屈指可数，但现在正一道一道地在扩展着范围。

以前我想，来生想成为会做菜的人。现在呢，感觉这辈子也好像还来得及。

迎来如此人生转机的这些日子里，文春文库的深尾智美女士要将本书做成文库本。趁此机会，我又从《家庭画报》和"美味无处不在"里新添了两篇原稿。如果这本书能够合读者们的口味的话，对作者而言，又会成为继续生活下去的动力之一。

　　深尾女士、设计师大久保明子女士，承蒙你们关照了。我非常中意蜜瓜包的封面。真的非常感谢。

平成二十六年　春

森下典子

附录：本书部分食品的联系方式

◆ **可果美番茄酱**
《蛋包饭一代》
联系方式　可果美株式会社 0120（401）831

◆ 札幌一番味噌拉面
《我人生中的札幌一番味噌拉面》
联系方式　SANYO 食品株式会社 027（265）6633

◆ 长崎蛋糕
《沉溺于长崎蛋糕》
联系方式　株式会社松翁轩 095（822）0410

◆ 斗牛犬牌酱汁
《我要斗牛犬牌酱汁!》
联系方式　bulldog sauce 株式会社 03（3668）6822

◆ 本生水羊羹
《水羊羹的性感》
联系方式　株式会社 TANEYA 0120（559）160

◆ 好侍佛蒙特咖喱
《咖喱进化论》
联系方式　好侍食品株式会社 0120（50）1231

◆ 芋羊羹
《父亲和舟和的芋羊羹》
联系方式　株式会社舟和总店 03（3842）2781

◆ 栗麻吕
《随着秋天而来的栗麻吕……》
联系方式　株式会社鹤屋吉信 075（441）0105

◆ 钝兵卫
《深夜的钝兵卫》
联系方式　日清食品株式会社 0120（923）301

◆ 江户紫 开饭咯！
《海苔佃煮的漆黑传统》
联系方式　株式会社桃屋 03（3668）7841

◆ 鲷鱼烧
《鲷鱼烧的焦皮》
联系方式　柳屋 03（3666）9901

◆ 咖喱面包

《咖喱面包的留白》
联系方式　株式会社中村屋 03（3352）6161

◆ 烧卖便当

《幸福的烧卖便当》
联系方式　株式会社崎阳轩 045（441）8851